本书受长江经济带战略环境评价重点专题（批准号：2110107）资助

长江经济带矿产资源开发生态环境影响研究

成金华　孙　涵　王　然　彭昕杰　主编

中国环境出版集团·北京

图书在版编目（CIP）数据

长江经济带矿产资源开发生态环境影响研究/成金华等
主编. —北京：中国环境出版集团，2021.1
ISBN 978-7-5111-4619-9

Ⅰ. ①长… Ⅱ. ①成… Ⅲ. ①长江经济带—矿产资源
开发—影响—生态环境—研究 Ⅳ. ① X321.25

中国版本图书馆 CIP 数据核字（2021）第 017701 号

出 版 人	武德凯
策划编辑	陶克菲
责任编辑	殷玉婷
责任校对	任 丽
封面设计	宋 瑞

出版发行　中国环境出版集团
　　　　　（100062　北京市东城区广渠门内大街 16 号）
　　　　　网　　址：http://www.cesp.com.cn
　　　　　电子邮箱：bjgl@cesp.com.cn
　　　　　联系电话：010-67112765（编辑管理部）
　　　　　发行热线：010-67125803，010-67113405（传真）
印　　刷　北京中科印刷有限公司 .
经　　销　各地新华书店
版　　次　2021 年 1 月第 1 版
印　　次　2021 年 1 月第 1 次印刷
开　　本　787×960　1/16
印　　张　12
字　　数　200 千字
定　　价　80.00 元

编　委　会

主　　编：

成金华　孙　涵　王　然　彭昕杰

编写成员：

方传棣　袁一仁　詹　成　孔维成

左芝鲤　易佳慧　毛　羽　卫玉杰

李静远　胡雪原　赵彦琼　朱永光

戴　胜　史峰雨　林　浩

　　长江经济带横跨东、中、西三大地势阶梯，地貌单元多样，地质条件复杂，涉及重要成矿带 10 个，矿产资源种类多、储量大，成矿条件较好，是我国重要的矿产资源基地，肩负着保障国家资源供给安全的重任。据统计，长江经济带有 29 种矿产的储量占全国矿产储量的 20%～60%，其中页岩气储量占全国页岩气储量的 100%；锑、钨、锡、磷、萤石、稀土等战略性矿产产量占全国战略性矿产产量的比例均超过 70%。2016 年，长江经济带的矿业工业总产值达到 3 359.3 亿元，占全国矿业工业总产值的 28.62%。矿业工业的发展为长江经济带的社会经济发展做出了巨大贡献。但是，区域矿产资源开发活动仍不可避免地给区域生态环境安全和人居安全带来威胁，导致生态功能区调节功能受到挤压，生物多样性减少，水体污染、土壤污染、大气污染问题突出，农副产品和饮用水的安全性下降，地质灾害频发等重大问题。因此，在"共抓大保护、不搞大开发"的背景下，识别矿产资源开发引起的重大生态环境问题及成因，预测其未来发展趋势，提出矿产资源开发和生态环境保护协调发展的对策具有重大意义。

本书的研究区域包括长江经济带沿岸 11 个省（直辖市）和长江源头地区的青海省，共 12 个省（直辖市）。主要基于长江经济带矿产资源的开发进程、发展战略，研判长江经济带矿产资源开发的发展趋势。评估矿产资源开发对流域生态环境安全及人居安全的影响，识别矿产资源开发的重大资源环境问题。对 2025 年、2035 年和 2050 年长江经济带主要矿产资源的产量及各类污染物排放量进行预测，分析区域矿产资源开发对生态环境影响的未来演变趋势，并以"共抓大保护、不搞大开发"为导向，以保持矿区生态系统稳定、改善矿区生态环境和保障流域人居安全等为目标，提出了协调好发展与底线的关系，强化空间、总量、环境准入管理，优化矿业勘查开发空间布局，推动矿业城市产业转型升级，推广矿业勘查开发先进技术，推进矿产资源节约与综合利用，完善流域矿产资源开发生态补偿机制等对策。本书对优化矿业空间布局、促进长江流域生态屏障建设、加快矿业结构调整和转型升级、促进矿业绿色发展和高质量发展、落实生态保护优先和实行最严格的生态环境保护制度、分区分类精准管控、为"三线一单"编制提供导向性建议，均具有重要的理论和实践意义。

本书的研究思路和总体框架如下：第一章为区域发展、生态环境安全与矿产资源开发战略定位，从发展要求、空间格局、战略定位等维度对长江经济带区域发展战略定位、生态安全战略定位、矿产资源开发战略定位进行分析。第二章为矿产资源开发的历史回顾和现状特征，运用矿产资源勘查、开发与利用等领域已有的调查、统计、监测数据和科研成果，研判长江经济带上游、中游、下游不同区域、不同种类矿产资源开发的基本情势和总体态势，厘清长江经济带矿产资源开发的空间布局、开采结构、开发规模、开发强度、开发效率等基本特征，研究区域矿产资源开发的历史、现状与趋势。第三章为矿产资源开发的重大生态环境问题及其成因，根据区域经济社会发展现状特征、资源环境禀赋和生态环境状况，识别区域矿产资源开发导致的生态破坏、环境污染以及人居安全威胁等重大资源环境问题，明确区域矿产资源开发与重大资源环境问题的影响机制，分析重大资源环境问题产生的具体原因，并将重大资源环境问题落实到具体的空间单元，定位重大资源环境问题出现的重点区域。第四章为矿产资源开发的生态环境影响未来演变趋势，以各省级行政区矿产资源规划报告为基准，考虑国家资源安全、矿业战略、可替代矿种，对 2025 年、2035 年和 2050 年长江经济带主要矿产资源的产量及各类污染物排放量进行预测，辨识长江经济带矿产资源开发导致水污染、土壤污染问题的演变方向，预测水污染、土壤污染的程度和空间分布特点。第五章为推进矿产资源开发与生态环境保护相协调的策略与措施，基于评价结果和相关研究结论，结合地方"三线一单"编制成果，从强化空间、总量、环境准入管理，优化矿业勘查开发空间布局，推动矿业城市产业转型升级，推广矿业勘查开发先进技术，推进矿产资源节约与综合利用，完善流域矿产资源开发生态补偿机制等方面提出推进长江经济带矿产资源开发的实施方案；从自然保护区矿业权退出、重点矿区源头管控、矿区环境质量改善、城市人居安全保障等方面提出生态环境保护的实施重点，形成推进长江经济带矿产资源开发与生态环境保护相协调的对策建议。

本书由成金华教授负责章节设计、组织调研、统稿、定稿，孙涵副教授、王然副教授、彭昕杰博士负责协调和稿件修改。写作分工情况如下：第一章由成金华、孙涵、袁一仁、王然编写；第二章由成金华、王然、詹成、李静远、史峰雨编写；第三章由彭昕杰、孔维成、左芝鲤、朱永光编写；第四章由彭昕杰、易佳慧、胡雪原、戴胜编写；第五章由成金华、孙涵、方传棣、毛羽、卫玉杰、林浩编写。

本书可供资源环境类本科生、研究生以及关心资源环境经济学和生态文明建设的人士阅读和参考。需要说明的是，本书列出了引文的主要参考文献，供读者查阅，若有疏漏之处，敬请谅解。

2021 年 1 月

目 录

第一章

区域发展、生态环境安全与矿产资源开发战略定位

一、区域发展战略定位

促进长江经济带的发展是党中央提出的事关"两个一百年"奋斗目标和中华民族伟大复兴的重大决策，是推动国家发展全局的重大战略。从党的十八大开始，党和政府对推动长江经济带发展做出了总体部署，在长江经济带经济社会发展、生态环境保护等领域出台了一系列政策文件并做出了具体安排，长江经济带已成为新时代联动我国区域发展总体战略的重要区域。

1. 发展要求

新形势下，推动长江经济带发展，关键是要正确把握整体推进和重点突破、生态环境保护和经济发展、总体谋划和久久为功、破除旧动能和培育新动能、自身发展和协同发展的关系。坚持新发展理念，坚持稳中求进工作总基调，加强改革创新、战略统筹、规划引导，将长江经济带建设成为引领我国经济高质量发展的"生力军"。

要正确处理好整体推进和重点突破之间的关系，全面推进长江经济带的生态环境保护和修复工作。推动长江经济带发展要以生态优先为前提，推动长江流域生态环境修复，

缓解长江生态环境透支压力。从生态系统整体性和长江流域系统性着眼，统筹山水林田湖草等生态要素，实施好生态修复和环境保护工程。一方面从整体推进，需要强化生态修复和保护措施之间的关联性和耦合性，防止过于注重其中一种或几种生态要素和生态修复而忽视其他生态要素和保护措施。另一方面在系统性中把握重点，在整体推进的基础上要对主要矛盾和矛盾的主要方面采取有针对性的具体措施，努力做到全局和局部相配套、治本和治标相结合、渐进和突破相衔接，实现整体推进和重点突破相统一。

要正确把握生态环境保护和经济发展的关系，实现生态优先和绿色发展。处理好"绿水青山"和"金山银山"的关系是长江经济带实现生态优先、绿色发展的关键。正确把握生态环境保护和经济发展的关系不仅是实现可持续发展的内在要求，而且是推进现代化建设的重大原则。生态环境保护和经济发展不是矛盾对立的关系，而是辩证统一的关系。经济结构和经济发展方式影响着生态环境保护效果。发展经济不能对资源过度开发、不合理开发，不能超出生态环境的承载力，生态环境保护也不是为了保护环境完全舍弃经济发展，要坚持保护和发展相统一，实现经济社会与人口、资源、环境的协同发展，使"绿水青山"不仅是生态效益，还要转化为经济效益和社会效益。

要正确把握总体谋划和久久为功的关系，"坚定不移将一张蓝图干到底"。由于推动长江经济带发展涉及领域较广，因此要从系统工程的角度推进经济社会各领域的发展。要深入推进《长江经济带发展规划纲要》的贯彻落实，根据"多规合一"的规范和要求，基于对资源环境承载力与国土空间开发适宜性的综合评估，科学合理地划定长江经济带国土空间的开发保护格局及其生态保护红线、永久基本农田、城镇开发边界这三条控制线。同时还要建立健全国土空间管控机制，以空间规划统领水资源利用、水污染防治、岸线使用、航运发展等空间利用任务，促进经济社会格局、城镇空间布局、产业结构调整与资源环境承载能力相适应，做好同建立负面清单管理制度的衔接协调，确保形成整体顶层合力。

要正确把握破除旧动能和培育新动能的关系，推动长江经济带建设现代化经济体系。要推进长江经济带新旧动能的转换，必须大力推进供给侧结构性改革，从而建设现代化经济体系。长江沿岸地带的中西部地区积累了大量的传统落后产能，转换风险大，动力不足，对传统发展模式和路径有较大的依赖性。但是，如果不能积极地对传统产业和发展模式进行改造与化解，旧动能会阻碍新产业和发展模式的发展壮大，而且容易引发 "黑天鹅事件"和"灰犀牛事件"。推动长江经济带高质量发展要积极稳妥地推进旧产业的退出，避免无效供给，改变原来以投资和大量资源投入为主导的经济发展道路，为新动能发展留出空间、奠定基础，进而致力于培育发展先进产能、增加有效供给、加快形成新的产业集群。同时要利用提高现有的环保标准、有效监督生态破坏行为、加大执法力度、淘汰关停落后产能等多种手段倒逼产业转型升级和高质量发展。

要正确把握自身发展和协同发展的关系，努力将长江经济带打造成为有机融合的高效经济体。在尊重长江经济带的各个地区、各个城市发展意愿的同时，也要从大局出发、从长江经济带的整体利益出发，实现自身发展与长江经济带的协同发展，实现错位发展、协调发展、有机融合，形成整体合力。要深化长江经济带各区域协调合作发展战略，在政策精准化、措施精细化、协调机制化的标准下，各地区要结合自身的区位、资源、经济、产业发展状况，依据主体功能区定位，推动实现地区基本公共服务均等化、基础设施通达程度比较均衡、人民生活水平有较大提高。完善省际协商合作机制，协调解决跨区域基础设施互联互通、流域管理统筹协调的重大问题。

2. 空间格局

依托自然本底、发展基础，按照"生态优先、流域互动、集约发展"的思路，全面落实主体功能区制度，发挥各地区比较优势，促进生产、生活、生态空间协调共生，形成"一轴、两翼、三极、六廊"的空间格局。

"一轴"是指依托长江黄金水道，充分发挥上海、武汉、重庆等城市的核心作用，以沿江主要城镇为节点，构建沿江绿色发展轴。坚持生态环境保护优先，积极建设综合立体交通走廊、优化产业和城镇布局、推进开放合作机制，引导人口经济要素由资源环境承载能力较弱向较强的地区转移，推动经济由沿江、沿海向上游、中游发展，实现长江经济带的协调发展。

"两翼"是指推进长江主轴线的引领示范作用，向南北两侧腹地延伸拓展，提升南北两翼支撑力。南翼以沪瑞运输通道为依托，北翼以沪蓉运输通道为依托，促进交通互联互通，加强长江重要支流的保护，增强省会城市、重要节点城市的人口集聚能力和产业集聚能力，夯实长江经济带的发展基础。

"三极"是指以长江三角洲城市群、长江中游城市群、成渝城市群为主体，发挥辐射带动作用，打造长江经济带三大增长极。①长江三角洲城市群。以上海这个国际大都市为龙头发挥辐射和示范作用，提升南京市、杭州市、合肥市都市区国际化水平，同时积极在科技进步、制度创新、产业升级、绿色发展等方面发挥引领作用，以建设成为世界级城市群为目标，提高国际竞争力。②长江中游城市群。要强化和突出武汉市、长沙市、南昌市的中心城市功能，促进三大城市组团，既要从经济发展上实现资源优势互补、产业分工协作、城市互动合作，又要从生态环境保护方面加强对山水林田湖草资源的保护，提升对外开放水平和综合竞争力。③成渝城市群。提升重庆市、成都市的中心城市功能和国际化水平，发挥双中心城市对周围城市的示范作用和产业的支撑作用，推进资源整合与一体发展，推进经济发展与生态环境相协调。

"六廊"是指在三大跨区域城市群和两大区域性城市群以高速公路、铁路为主体，串联沿江港城与后方城市，实现跨江联动，并进一步向南北广大腹地辐射与联系的 6 条发展轴。其中，长三角城市群内有 3 条：①沿海发展轴。以上海市为中心，依托海岸带和沿海高速公路、高速铁路，向北串联江苏省沿海，向南联系浙江省沿海，并进一步辐射海西地区。②南京市—杭州市发展轴。以京沪高速铁路、宁杭高速和城际铁路、长深高速公路等为依托，连接南京市与杭州市，并向北辐射苏北地区和皖东地区，向南辐射浙东南地区，联系海西地区和珠三角地区。③宁波市—杭州市—合肥市发展轴。依托杭甬通道、合肥市至杭州市快速铁路等连接杭州市与合肥市，向北联系郑州市，向东南打通宁波市、舟山市的出海通道，成为河南省、安徽省经宁波市—舟山港的海上贸易通道。长江中游城市群内有 2 条：①武汉市—长沙市发展轴。依托京广铁路、京港澳高速公路，以武汉市为中心，经岳阳市串联长株潭地区，向南联系珠三角地区，向北联系河南省、河北省。②武汉市—南昌市发展轴。依托武汉市至九江市快速铁路、京九铁路、福银高速等，以武汉市为中心，经九江市串联南昌市，向南联系珠三角地区。串联成渝城市群、黔中城市群、滇中城市群的有 1 条成渝贵昆发展轴，以重庆市至贵阳市快速铁路及成渝、兰海、沪昆高速公路为主，串联成都、重庆、遵义、贵阳、安顺、曲靖、昆明等城市，向南经磨憨口岸、河口瑶族自治县联系老挝、泰国、越南等国家。

3．战略定位

依据《关于依托黄金水道推动长江经济带发展的指导意见》《长江经济带发展规划纲要》《长江经济带生态环境保护规划》《长江经济带创新驱动产业转型升级方案》等 10 个规划和 10 份领域政策文件对长江经济带发展的要求，长江经济带主要有以下几个方面的区域发展战略定位。

（1）生态文明建设的先行示范带

长江是中华民族的母亲河，也是中华民族发展的重要支撑。长江经济带覆盖上海、江苏、浙江、安徽、江西、湖北、湖南、重庆、四川、云南、贵州 11 个省（直辖市），区域面积超过 200 万千米^2，人口和生产总值分别约占全国的 43.0%和 45.5%。

长江经济带是我国重要的生态宝库，具有突出的生态环境地位，自然资源丰富，具有良好的生态环境，其中水资源极为丰富，是我国重要的水源地，具有战略意义；也是我国生态安全的重要屏障区，具有保持水土、涵养水源的功能。要对山水林田湖草统筹管理和系统保护，要坚持底线、红线管控，同时要根据不同地区生态环境的特点进行分区施策，从而积极推进长江经济带生态文明建设。

要构建以长江干支流为主体，以沿江的山水林田湖草这类生态系统为有机整体，推进各生态要素和谐统一，形成具有优良的流域水质环境、有效的水土保持能力、丰富的生物多样性、充足生态流量的生态安全格局，把长江经济带建成生态文明的示范区和绿色生态走廊。

（2）引领全国转型发展的创新驱动带

长江经济带具有突出的产业优势，是我国的农业主产区、重要的工业生产基地和现代服务业集聚区。长江经济带的重点农产品包括水稻、油菜籽等，其产量的全国占比均超过 50%，粮食总产量全国占比也超过 30%。同时，长江经济带是我国重要的创新园地，这里坐落着全国 1/3 的高等院校和科研院所，聚集了大量的科学技术人员，具有丰富的创新资源，还有超过 500 家各类国家级创新平台，研发经费支出占全国的 43.9%，有效发明占全国的 44.3%，新产品销售收入占全国的 50%，是具有显著创新示范作用的城市群。

长江经济带引领了流域的创新驱动。要积极完善和健全区域创新体制机制，推动生产要素的合作，充分利用人才、技术优势，激发创新的积极性和活力，形成区域创新模式，从而可以向其他区域进行有效的推广和复制，促进创新战略的实施。同时还要清除影响创新发展的阻碍，刺激创新活力进一步迸发，强化科技与经济对接、创新成果与产业对接，推动沿江发展由要素驱动、投资驱动向创新驱动转变，实现长江经济带的转型发展。要依据长江经济带完善的产业体系和丰富的产业种类，在信息技术的作用下，形成紧密结合物质资源、人才资源、信息资源的新型经济模式，促进产业间的相互联动和产城融合，推动新型工业化、城镇化、农业现代化同步发展。

（3）具有全球影响力的内河经济带

长江经济带可以推进开放合作实现"共赢"，既要好好利用国内和国外两个市场、两种不同的资源，还要积极发挥自由贸易区的引领示范作用，加强"一带一路"沿线的交流与合作，实现战略互动，借鉴国际上其他国家区域合作的先进经验，在推进沿河流域发展的形势下，向海洋和陆地开放，从而实现沿海、沿江、沿边全面开放合作，提高国际竞争力。

要发挥长江作为"黄金水道"的重要作用，以长江为依托，建设现代化的综合交通运输体系，促进沿江地区传统产业改造和产业结构的优化升级，从而将其打造成具有国际竞争力的城市群和产业集群，增强国家的综合经济实力和竞争力。

（4）东中西互动的协调发展带

长江经济带是区域协同发展的示范带。由于长江经济带跨越东部、中部、西部三个地区，社会经济结构、产业发展差异较大，可以充分发挥不同地区的优势，进行区域内部产业专业化分工和产业承接与转移，推动产业间的良性发展与互动，完善区域的联动合作机制，既要保持长江经济带整体的发展，又要保持各地区的发展特色。要从长江全流域整体出发协调人口分布、经济发展与资源承载力之间的关系，以长江流域为主体向陆地和海洋地区开放，同时还要发挥长江三角洲城市群的辐射作用和示范作用，推进有效的产业转移合作机制和生态补偿机制，提高资本、劳动、技术等生产要素的配置效率，提高内生增长的活力。

二、生态安全战略地位

1．生态功能

（1）山水林田湖草一体，是我国重要的生态宝库

长江经济带地跨三大温度带，具有复杂多样的地貌类型和生态系统类型，包括热带森林、亚热带常绿阔叶林和湿地等生态系统类型，生态多样性较为丰富。在森林资源方面，长江经济带的森林资源占全国的1/4，面积达6 187万公顷，森林覆盖率达41.3%；在湿地资源方面，长江经济带占据了全国20%左右的湿地资源，湿地面积超过2 500万公顷，湖区面积达到1.7万千米^2，有760个面积大于1千米^{2}的湖泊，具有较好的水质净化功能；在生物多样性方面，长江经济带是珍稀濒危野生动植物集中分布区域，物种资源丰富，银杉、水杉、珙桐等珍稀植物占全国总数的39.7%，还有中华鲟、江豚、金丝猴等珍稀动物。

（2）蕴藏丰富水资源，是中华民族的战略性水源地

长江蕴含丰富的水资源，水资源总量达到999 958亿米^3，占全国水资源总量的35%。长江和黄河是炎黄子孙的母亲河，也是中华民族可持续发展的支撑。长江水资源在满足长江两岸4.3亿人口用水需求的同时，通过"南水北调""滇中引水""引汉济渭""引江济淮"等调水工程惠及中原、华北和山东半岛等地区数千万人；实现农田灌溉面积2.23

亿亩①，灌溉全国 35%的耕地。

（3）具有保持水土、涵养水源的功能，是我国重要的生态安全屏障区

长江经济带是我国具有全局意义的重要生态屏障区，是"两屏三带"的主体，也是我国的生态主轴，具有保持水土、涵养水源的功能，对我国的生态安全具有重要意义。"黄土高原—川滇生态屏障"在很大程度上保障了长江的生态安全。

长江流域山水林田湖草浑然一体，水土保持、洪水调蓄功能较好，是我国重要的东西轴向生态廊道，金沙江上游、岷江上游、"三江并流"地区、丹江口库区、嘉陵江上游、武陵山、新安江上游、湘江上游、资江上游和沅江上游等地区是重点水土保持区域。长江中下游的六大洪水调蓄重要区囊括了全国重要的洪水调蓄区，总面积 38 119 千米²，占据了 4.1%的长江中下游面积。其中，分蓄中游长江洪水的调洪区包括洞庭湖、鄱阳湖、江汉平原湖泊湿地、皖江湖泊湿地等，这里也是主要的沉沙区，具有调节旱涝，减轻长江、湖区灾害威胁，维持超额洪水平衡和泥沙冲淤平衡，延缓河床变迁的作用。

（4）具有发达的城镇体系，是人居环境安全保障的重要区域

长江经济带具有发达的城镇体系。既包括长三角、长江中游和成渝在内的三大跨区域城市群，又有黔中和滇中两大区域性城市群，同时还囊括了沿江的大中小城市，在长江经济带有 25 个建成区面积超过 100 千米²的大型城市，城市面积高于全国平均水平的 1.2 倍。长江经济带人口密度高，尤其在长江中下游，该地区分布着超过全国 40%的人口，其中上海市中心城区的人口密度远超东京和纽约等城市。

2. 生态安全格局

沿海生态保护区。主要包括近海海域及沿海防护林带、长江—钱塘江—瓯江等入海河口湿地、苏北沿海滩涂湿地等生态区域。应该对近海海域和入海流域进行污染综合治理，推进海洋保护区建设，对海洋的生态资源和近海海域的生态资源进行有效保护和生态修复。

---

① 1 亩约为 666.67 米²。

江南丘陵生态保护区。主要包括皖南和浙西的黄山、天目山、仙霞岭和雁荡山等山地以及钱塘江、瓯江等入海河流。未来应加强入海河流流域综合治理，鼓励植树造林和山林封育，减少水土流失，防控地质灾害，加强对植物和生物多样性的保护，对外来入侵物种进行严格管理，合理控制旅游资源开发强度，加强水域保护和水资源管理，控制入河和入湖污染总量。

大别山—幕阜山生态保护区。主要包括鄂东和皖西南的大别山、赣西和湘东的罗霄—幕阜山等地以及巢湖、鄱阳湖、洞庭湖等沿江重要水域。未来既要着力推进水域污染治理，也要加强对水域周边环境和生态系统的修复，推进生态移民，有效修复植被，从而强化生态环境的保护功能，构建以巢湖、鄱阳湖、洞庭湖、长江和赣江为主体的长江中游生态水系。

秦巴—武陵山生态保护区。主要包括渝东、鄂西和湘西北的秦岭、大巴山、神农架和武陵山等丘陵山地以及嘉陵江、乌江等水系。包含秦巴生物多样性保护、三峡库区水土保持以及武陵山区生物多样性和水土保持生态功能区。既要扩大天然林的保护范围，也要通过强化植树造林扩大人造林，避免乱砍滥伐行为的发生，提高植被覆盖率、涵养水源、防止水土流失，防治地质灾害，保护暖温带、亚热带珍稀濒危物种。加强江湖污染治理和生态防护，完善长江上游生态水系。

川滇高原生态保护区。主要包括川西、川东北、川东南和滇北的秦巴山地、邛崃—龙门山、大小凉山等高原/山地和若尔盖草原湿地以及岷江、雅砻江、大渡河、金沙江等长江源头及支流水系。未来应加快生态移民，控制草原过牧，加快各类自然保护区建设，保护原始森林和草原植被，保护生物多样性，推进生态环境的有效保护和修复。加强长江源头保护与流域综合治理，提高水源涵养和水土保持功能。

三、矿产资源开发战略定位

党的十九大报告提出"共抓大保护、不搞大开发"的区域协调发展战略，以推动长江经济带发展。《全国矿产资源规划（2016—2020年）》明确了长江经济带上游、中游、下游矿产资源区域协调发展方针，提出要推动区域间互动合作、优势互补。长江经济带矿产资源开发应以优化空间格局为基础，明确其开发功能定位，确保资源开发、扶贫共享及上游、中游、下游协调发展，坚持"共抓大保护、不搞大开发"，推进长江经济带矿业产业绿色发展。

1. 发展要求

党的十九大报告提出推进绿色发展的要求："加快生态文明体制改革，建设美丽中国。"因此，我们必须坚持节约保护优先、恢复自然生态环境为主的方针，打造出节约资源和保护环境的空间格局，调整产业结构，改变生产、生活方式，创造宁静、和谐、美丽的自然环境。"共抓大保护、不搞大开发"是 2016 年 1 月习近平总书记在推动长江经济带发展座谈会上提出的思想，要求长江经济带的发展要实现生态优先、产业结构转型升级的高质量发展。长江经济带矿产资源丰富，是我国资源安全保障的重要区域，因此矿业发展具有重要战略地位。其上游、中游、下游应坚持优化空间格局，加快产业转型升级，实现绿色、科学、有序的高质量发展。

《长江经济带发展规划纲要》提出要将保护和修复长江生态环境摆在首要位置。该纲要明确了要坚持生态功能分区的主体功能区规划，划定生态保护、水资源开发利用和水功能区限制纳污的三条"红线"不可逾越；实施水质跨界考核，利用市场机制打破行政区划界限和壁垒，有效提高生态环境污染联防联控联治管理水平，更好地发挥各级政府及主管部门的作用；建立行政区划间、上下游流域间的生态补偿机制，形成流域生态环境联防联控联治管理新机制。将长江流域打造成上游、中游、下游产业发展相协调、人与自然环境相和谐的绿色经济带。

《全国矿产资源规划（2016—2020 年）》提出了五点要求：保障国家能源安全、推动矿业转型升级、推动绿色矿业发展、引领矿产资源管理改革、助力脱贫攻坚。规划到 2020 年初步建立安全、稳定的资源保障体系，形成节约环保的绿色矿业发展模式，建成开放有序的现代矿业市场体系，提升矿业发展的质量和效益，塑造资源安全与矿业发展新格局。

《关于加强长江经济带工业绿色发展的指导意见》（工信部联节〔2017〕178 号）要求：坚持供给侧结构性改革，坚持生态优先、绿色发展，全面实施《中国制造 2025》，扎实推进《工业绿色发展规划（2016—2020 年)》，紧紧围绕改善区域生态环境质量要求，落实地方政府责任，加强工业布局优化和结构调整，以企业为主体，执行最严格的环保、水耗、能耗、安全、质量等标准，强化技术创新和政策支持，加快传统制造业绿色化改造升级，不断提高资源能源利用效率和清洁生产水平，引领长江经济带工业绿色发展。

《中国制造 2025》对战略性新兴矿产的保障能力提出了更高的要求。它指出战略性新兴矿产在未来的信息技术产业、高端制造业、航空航天、重大先进基础设备、绿色环保、生物医药等领域的需求将有大幅提升，因此包括"三稀资源"（稀土资源、稀有资源、稀散资源）在内的战略性新兴矿产，对发展高端产业具有战略保障作用。

2．空间格局

依据党的十九大报告、《全国主体功能区划》《长江经济带发展规划纲要》《长江经济带生态环境保护规划》《关于加强长江经济带工业绿色发展的指导意见》等关于长江经济带的发展战略，建立长江经济带矿产资源区划的指导目标和原则，考虑矿产资源禀赋、生态环境以及区域经济社会发展等因素，通过科学划定五大功能类型区（重点避让区、矿业疏解区、扶贫开发区、限制开发区和适度开发区）（图 1-1），形成长江经济带矿产资源开发新格局。

（1）重点避让区

重点避让区主要包括生态功能重要、生态环境敏感性极高的地区以及长江沿岸一定范围以内地区。区内必须坚持以修复长江生态环境和生态环保为第一原则，除地热、矿泉水等矿产外，严格限制矿产资源勘查开发，已发现的大型矿集区可作为矿产资源储备区管理，加快区内已有矿业权有序退出。

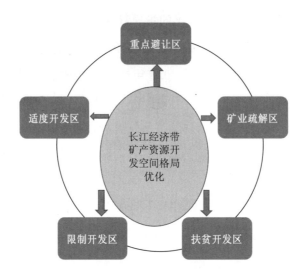

图 1-1 长江经济带矿产资源开发空间格局优化

（2）矿业疏解区

矿业疏解区主要包括经济社会发展水平较高、以第三产业发展为主导的地区，如长三角城市群、武汉市都市圈等地区。要在维护环境质量的同时为高端产业发展留出空间，合理疏解区内矿业产业，淘汰低端产业，优化产业结构，提升产业技术水平，积极引导高技术企业把加工制造向中西部地区转移。

（3）扶贫开发区

长江经济带内民族地区和贫困地区十分集中，在我国 14 个集中连片特殊困难地区中，有 8 个位于或跨越长江经济带并且拥有丰富的矿产资源。应通过开发优势矿产带动地区经济社会发展来减缓地区贫困。将除"重点避让区"以外的、具有一定矿产资源的特殊困难地区划为"扶贫开发区"，区内矿产资源勘查开发重点应以页岩气、锂、稀土等能源矿产和战略性关键矿产为主，合理开发其他优势矿产，延长优化产业链条，提高资源优势向经济优势转化的效率。

（4）限制开发区

实施"点上开发、面上保护"的生态优先总体战略，强化矿产资源开发的源头管理，提高勘查开发规划的准入条件门槛，严格控制采矿权设置总量、开采规模和开发强度，坚守资源利用上线和环境质量安全底线，及时进行矿区环境治理和土地复垦，强化资源的综合循环利用，保持地区生态平衡。

（5）适度开发区

矿产资源集中且支撑条件较好的地区，可优先开发页岩气等清洁能源矿产以及稀土、锂等战略性新兴产业矿产，适度开发钒、钛、锡、锑等矿产，推进绿色勘查、绿色矿业发展，形成集约高效、生态优良的绿色矿业示范区。

3. 战略定位

（1）保障国家矿产资源安全的重要基地

建立安全、稳定、经济的资源保障体系是解决国家资源安全可持续发展核心问题的有效手段。应加大能源矿产、大宗矿产和战略性新兴产业矿产的勘探开发投入，利用找矿突破实现资源储量增长，坚持资源保护与合理开发利用相结合，建立完善的矿产资源储备体系，确保国家资源安全。

重点建设长江经济带中的国家能源资源基地（27个），划定39个国家规划矿区，重点保障铁矿、铜矿、铝土矿、钾盐等战略性矿产的安全供给能力。在长江经济带划定32个重点矿区，保障重要矿产的开发与储备，确保对国家安全和国民经济具有重要价值的矿产的供给。

加强页岩气和地热资源调查评价与勘查，创新高效勘探开发利用。依据《全国矿产资源规划（2016—2020年）》的部署，建立四川省长宁县—威远县、重庆市涪陵区、贵州省遵义市—铜仁市、云南省昭通市等地区页岩气勘查开发示范区，实施页岩气开发利用补贴政策，推动页岩气开发利用低成本、规模化、产业化发展。进一步对地热水、干热岩和浅层地温能资源开展潜力评价，建立西南地区地热资源示范工程，推进梯级利用及循环利用等环保创新工艺研究与示范，创新开发利用模式与政策扶持相结合，提高地热能利用比重与效率。

加强稀土、锂矿等资源基地建设，巩固现有稀土、锂矿等资源勘查开发和资源配置格局。推进建设江西省赣州市稀土能源资源基地，鼓励大型稀土企业加大科技研发力度，创新研究系统应用性开发和功能性拓展，推动稀土产业化发展；推进建设四川省甘孜藏族自治州锂辉石矿、江西省宜春市锂云母矿和四川省甲基卡等锂矿等资源基地，提升川西、武夷山等地区锂资源综合利用效率。

（2）矿业结构调整和转型升级的示范基地

坚持创新驱动发展战略，推进科技、管理和机制创新；推进简政放权、放管结合和优化服务为主的行政审批制度改革，充分发挥政府、市场在资源配置中的作用，增强矿产企业的科技创新水平和产业发展活力。

将资源开发与区域产业发展、生态环境保护相协调，实行以矿种、地区为主的差别化管理，统筹矿业布局与时序，形成产业协调、发展有序的资源勘探开发新格局。

实现战略性关键矿产的产业规模集聚发展，以满足未来高端制造业的发展需求。战略性新兴产业发展必将使关键矿产需求大幅增加。例如，随着环保意识的增强和能源消费结构的调整，锂、稀土等矿产品需求相应提升。长江经济带应充分利用自身锂、稀土、钒、钛、钨、锡等战略性关键矿产优势，带动新材料、高端制造、新能源电池等领域战略新兴产业的发展。

利用中心城市创新资源丰富的优势，依托地缘优势打造一批战略性新兴产业示范基地，形成引领高技术新兴产业发展的核心；依托现有产业基础，将成渝城市群、武汉市都市圈、长株潭城市群等长江经济带上游、中游的重点城市群打造成适合高技术新兴产业发展的地区，积极承接东部地区战略性新兴产业转移；继续发挥上海市、南京市、杭州市、合肥市、苏锡常地区等长三角城市群的引领作用，构筑产业结构合理的战略性高技术产业网络。

（3）节约高效、环境友好、矿地和谐的绿色矿业发展示范区

加快转变资源开发利用方式。坚持生态保护优先原则，协调资源开发与环境保护；树立全民资源节约利用的观念，实施全生命周期资源节约管理，转变资源利用方式；推进绿色矿业发展和生态文明建设，实现资源合理利用与生态环境保护协调水平显著提高。

　　进一步优化矿产资源开发利用布局。大中型矿山企业比例的提升说明了矿山规模化、集约化程度显著提高。主要矿产品产出率提高至15%，综合利用水平显著提高。建立绿色矿业发展新格局，有效控制资源开发对环境的影响，确保区内生态环境水平不退化、不下降。同时要对矿区地质环境进行有效保护和及时治理，对历史遗留的矿山地质环境问题完成治理恢复。

　　打造绿色能源产业带。2014年6月13日，习近平总书记在中央财经领导小组第六次会议上提出了推动能源消费革命、能源供给革命、能源技术革命、能源体制革命和全方位加强能源国际合作五点要求，为我国能源产业安全创新发展指明了方向。长江经济带应充分利用自身页岩气、地热能等清洁能源，优化能源产业结构，推动绿色能源生产和消费，提高绿色能源产业占比，打造绿色能源产业带。

　　建设绿色制造体系。目前长江经济带已建成五大钢铁基地、七大炼油厂和一批石化基地，共计40余万家化工企业，为区域经济发展和基础设施建设提供了重要的产业支撑。总体来看，区内矿山企业还存在产业布局合理性不足、资源高效利用不足等问题，未形成绿色制造体系，亟须优化调整矿业结构，为我国绿色制造体系的形成贡献力量。采用淘汰落后产能、节能减排生产、发展精深加工等方式推进产业链向高端延伸。以五大功能区为统领，加快优化矿业产业空间格局。充分发挥政府、市场对资源配置的决定性作用，放开、健全油气勘探开发市场和矿业资本市场等现代市场体系。通过政府和社会资本合作（PPP）模式调动市场主体的积极性，加大财政支持力度，做好区域利益协调。坚守资源利用上线、环境质量底线和生态保护红线，推进矿业绿色发展。

第二章

矿产资源开发的历史回顾和现状特征

一、矿产资源开发历史回顾

长江经济带横跨我国东部、中部、西部三大区域，加上长江源头地区青海省共涉及 12 个省（直辖市），国土面积大，覆盖范围广，资源环境条件总体优越，承载能力较强。新中国成立以来，长江经济带矿产资源开发为国家和区域经济社会发展提供了重要的原材料，资源供应保障一直是该区域矿产资源开发的主基调，矿业产值及经济总量不断提高。但随着几十年的发展，矿业开发活动导致的生态环境问题日益突出，绿色发展逐渐成为矿产资源开发的主旋律，国家随即制定了一系列相关行业标准和政策法规，加大了环境保护力度。目前，长江经济带沿线有有色金属、铁矿石、页岩气等多条成矿带，稀土、钛等矿产储量占全国矿产储量的 80%以上，锂、钨、锡、钒等资源储量占全国资源储量的 50%以上，页岩气资源潜力巨大，可采资源量超 15 万亿米^3，全国占比超过 60%。

改革开放以来，随着我国工业化和城镇化的迅速发展，矿产资源需求量与日俱增，长江流域担负起确保矿产资源安全供给的重任。在很长一段时间里，矿产资源开发的主要问题是生产力不足，高价值的矿产资源如何有效开采、运输及利用是当时亟待解决的首要问题，忽视了资源开发对生态环境的影响。经过数十年的发展，长江流域矿业经济已经具有一定规模，但矿产资源开发产生的资源环境问题也日趋明显，生态环境破坏逐渐成为制约长江流域社会经济发展的主要问题。在改革开放政策实施的同时，环境保护的力度也在不断加强，国家出台了一系列政策措施，调整战略定位，加强管控，绿色发展日益成为矿产资源开发的主旋律。

1. 资源供给保障是矿产资源开发的主基调

改革开放以来，在社会主义市场经济体制的大力推动下，我国矿产开发极力探索企业化的改革之路，矿业产业实力不断增强，走上了发展的快车道。仅 20 年时间，我国矿业总产值从 1978 年的 242.6 亿元增长到 1997 年的 3 265 亿元，增长了十余倍，年平均增长率约为 11.3%，超过同期我国 GDP 增速。到 1989 年，全国 80% 以上已探明矿种在长江流域探明确有分布，其中储量较大的有煤、天然气、铁、锰、磷、硫、铜等 38 种，其中有 13 种储量的全国占比在 60% 以上，有 5 种储量的全国占比在 40%～60%，有 11 种储量的全国占比在 20%～40%，有 9 种储量的全国占比接近 20%。流域内矿产资源品种齐全，优势矿种众多。

随后经过了数十年的发展，长江经济带的矿业产值持续增长，开采的种类和数量不断增加，矿业经济已具备一定的规模。仅 2008—2011 年 4 年间，长江经济带 11 省（直辖市）及源头地区的青海省新增查明铁、铜、铅、锌、钒、钨、磷、天然气、煤等矿产地 436 处，钨矿、磷矿、萤石、煤炭和水泥用灰岩的新增查明资源量分别达到 123 万吨、1.3 亿吨、1.18 亿吨、45 亿吨和 43.2 亿吨。截至 2016 年，长江沿线各省（直辖市）已找到各类矿产资源 120 多种，其中有 99 种达到可开采利用储量标准，有 29 种常规矿产储量全国占比达到 20%～60%。磷、萤石、铜、钨、锡、锑等战略性矿产的产量占全国战略性矿产的比例均超过 60%，其中磷矿产量占比更是高达 96.88%。

长期以来，长江经济带矿产资源开发为区域社会经济发展提供了重要的物质保障，在一定程度上缓解了经济高速发展所引起的资源供不应求的矛盾。

2．环境保护越来越受到重视

伴随资源的大规模持续开发利用，长江经济带矿产资源开发对流域水的涵养功能、水土保持、生物多样性都造成了不同程度的影响，矿区和周边环境遭到严重破坏，水资源、农产品、土壤重金属超标问题日益突出。

因此，矿业发展的主要问题逐渐从生产力转向矿产资源开发与生态环境保护的关系上，各行政主体对环境保护的重视程度逐渐提高。如何促进矿产资源开发利用与经济社会协调发展，提高环境保护力度，成为政府的重要议题（表 2-1）。

表 2-1　1973—2009 年我国环境保护政策及其主要内容

年份	政策及其主要内容
1973	第一次全国环境保护会议讨论通过的《关于保护和改善环境的若干规定（试行草案）》提出"对自然资源的开发，包括采伐森林、开发矿山、兴建大型水利工程等，都要考虑到对气象、水土资源、水土保持等自然环境的影响"，随后国家出台了《关于保护和改善环境的若干规定》《环境保护法》等相关政策、法律
1989	《环境保护法》第十九条指出，"开发利用自然资源，必须采取措施保护生态环境"
1998	国家环境保护局升格为国家环境保护总局，并颁布《全国生态环境建设规划》《全国生态环境保护纲要》《关于加强资源开发生态环境保护与监管工作的意见》等
2000	时任国土资源部副部长寿嘉华首次提出了"绿色矿业"概念，即在矿山环境扰动量小于区域环境容量的前提下，实现矿产资源开发最优化和生态环境影响最小化
2001	《全国矿产资源规划》中提出要"坚持在保护中开发，在开发中保护的方针，开源与节流并举，开发与保护并重，把节约放在首位"
2005—2009	《国务院关于全面整顿和规范矿产资源开发秩序的通知》《关于逐步建立矿山环境治理和生态恢复责任机制的指导意见》《关于开展生态补偿试点工作的指导意见》《矿山地质环境保护规定》《全国矿产资源规划（2008—2015）》

3．绿色发展成为矿产资源开发的时代要求

2012 年党的十八大上，面对资源约束趋紧、环境污染严重、生态系统退化的严峻形势，党和国家对长江流域环境问题予以高度重视，提出了"节约优先、保护优先、自然恢复为主"的建设方针。

2016 年 1 月，习近平总书记在重庆市召开的推动长江经济带发展座谈会上强调长

江经济带要"共抓大保护、不搞大开发"，坚持生态优先、绿色发展的战略定位，把修复长江生态环境摆在压倒性位置，推动长江上中下游协同发展、东中西部互动合作，建设成为我国生态文明建设的先行示范带、创新驱动带、协调发展带。同年 8 月，习近平总书记考察察尔汗盐湖工作时再次强调"在保护生态环境的前提下搞好开发利用"。由此，长江经济带包括矿产资源开发在内的一切经济活动，均要以"生态优先"为首要原则，"共抓大保护、不搞大开发"。

2018 年 4 月，习近平总书记在武汉召开的深入推动长江经济带发展座谈会上要求"正确把握生态环境保护和经济发展的关系，探索协同推进生态优先和绿色发展新路子"，"坚持新发展理念"。

二、矿产资源开发的现状特征分析

长江经济带 11 省（直辖市）及青海省横跨东部、中部、西部三大地势阶梯，地貌单元多样，地质条件复杂，涉及重要成矿带 10 个，矿产资源种类多、储量大，成矿条件较好（表 2-2）。

表 2-2　长江经济带 11 省（直辖市）及青海省主要成矿带情况

成矿带	省级行政区	主攻矿种
祁连山成矿带	青海省	镍、铜、钨、金
东昆仑成矿带	青海省	金、铅、锌、铁
西南三江成矿带	四川省、云南省、青海省	铜、钼、银、金、铅、锌、钼
上扬子西缘成矿带	湖北省、重庆市、四川省、贵州省、云南省	铁、钛、钒、铜、铅、锌、铂、银、金、稀土
上扬子东缘成矿带	湖北省、湖南省、重庆市、贵州省	锑、金、磷、滑石
桐柏—大别山成矿带	安徽省、湖北省	金、银、铜、铅、锌、钼
长江中下游成矿带	江苏省、浙江省、安徽省、湖北省	铜、金、铁、铅、锌、硫
江南陆块南缘成矿带	上海市、浙江省、安徽省、江西省、湖南省	铜、钼、金、银、铅、锌
南岭成矿带	江西省、湖南省	锡、银、铅、锌、稀土
武夷山成矿带	浙江省、江西省	铅、锌、银、锡、钨、稀土

《中国国土资源统计年鉴 2018》显示，长江流域已探矿种达 120 多种，其中有 102 种达到可开采利用储量标准，有近 30 种常规矿产储量全国占比达到 20%～60%。战略性矿产资源中，长江流域的稀土、钛等矿产储量全国占比在 80% 以上，锂、钨、锡、钒等矿产资源储量全国占比在 50% 以上，分布在四川省甲基卡地区、安徽省金寨县、江西省赣州市、湖南省岳阳市等地。

1. 长江经济带矿产资源空间分布特征

（1）长江经济带矿产资源基地

长江经济带上游地区包括云南、贵州、四川、重庆 4 个省（直辖市），煤炭、铁、锰、铝土、稀土、磷等矿产资源丰富。综合考虑该区域资源禀赋特点、开发利用条件、环境承载力和区域产业布局等情况，建设 13 处能源资源基地，作为保障区域资源安全供应的战略核心区域纳入国民经济和社会发展规划以及相关行业发展规划中统筹安排和重点建设。以煤炭、有色、战略性矿产为重点，划定 30 个国家规划矿区作为重点监管区域。优化资源配置，推动优质资源的规模开发、集约利用，支撑能源资源基地建设。划定对国民经济具有重要价值的黑色金属矿区 3 个和有色金属矿区 3 个，作为储备和保护的重点区域。探索建立多渠道投入机制，支持提高储备矿产地的勘查程度，严格保护和监管，防止压覆或破坏。

长江经济带中游地区包括湖南、湖北、江西 3 个省，江西省和湖南省有色金属与稀土等矿产资源丰富，湖北省磷矿资源丰富。根据该区域矿产资源特点，建设能源资源基地 13 处，分别为黑色金属矿产 3 处、有色金属矿产 5 处、非金属矿产 1 处、战略性新兴产业矿产 4 处。在生产力布局、基础设施建设、资源配置、重大项目安排及相关产业政策方面给予重点支持和保障，大力推进资源规模开发和产业集聚发展。以有色、稀土等矿产资源为重点，划定 21 个国家规划矿区作为重点监管区域。建设资源高效开发利用示范区，实行统一规划，优化资源开发布局。划定对国民经济具有重要价值的有色金属矿区 10 个和稀土矿区 5 个，作为资源储备和保护区域。建立动态调整机制，经严格论证和批准后，转为国家规划矿区进行统一规划、规模开发。

　　长江经济带下游地区包括安徽、江苏、浙江、上海 4 个省（直辖市），矿产资源主要集中分布在安徽省，其他三地矿产资源比较稀缺。根据该区域的资源条件，建设能源资源基地 1 处，为有色金属矿产。以能源矿产为重点，在安徽省划定国家规划矿区 4 个。加强矿山生态环境保护与恢复治理，对煤炭开采进行严格的总量调控管制。划定对国民经济具有重要价值的铜多金属矿区 1 个，在转为国家规划矿区前进行严格的论证。长江经济带 11 省（直辖市）及青海省重要矿产资源基地空间分布及大型矿产资源基地基本情况见表 2-3 和表 2-4。

表 2-3　长江经济带 11 省（直辖市）及青海省重要矿产资源基地空间分布

矿产分类	矿种	名称
能源矿产	油气	四川盆地天然气勘查开发基地
	煤炭	云贵基地
黑色金属矿产	铁矿	四川省攀西铁矿资源勘查开发基地、湖北省鄂东铁矿资源勘查开发基地
	锰矿	黔东—湘西锰矿勘查开发基地、湘西南—桂中锰矿勘查开发基地
有色金属矿产	铜矿	安徽省铜陵地区铜矿勘查开发基地、湖北省大冶市—江西省九瑞地区铜矿勘查开发基地、江西省赣东北德兴地区铜矿勘查开发基地
	铝土矿	贵州省铝土矿勘查开发基地
	铅锌矿	青海省格尔木地区铅锌矿勘查开发基地、云南省滇西南铅锌矿勘查开发基地
	钨锡锑多金属	江西省武宁县—修水地区钨矿勘查开发基地、湖南省湘南钨锡锑多金属矿勘查开发基地、江西省赣南钨矿勘查开发基地、云南省滇东南多金属矿勘查开发基地
	金矿	贵州省贞丰县—普安县金矿勘查开发基地
非金属矿产	磷矿	云南省滇中磷矿勘查开发基地、贵州省开阳县—瓮福磷矿勘查开发基地、湖北省宜昌市—兴山县—保康县磷矿勘查开发基地
	钾盐	青海省察尔汗钾盐勘查开发基地
战略性新兴产业矿产	稀土	四川省凉山彝族自治州轻稀土勘查开发基地、江西省赣州市重稀土勘查开发基地、湖南省重稀土勘查开发基地
	石墨	湖南省郴州市石墨勘查开发基地、湖北省宜昌市石墨勘查开发基地、四川省巴中石墨勘查开发基地

表 2-4　长江经济带大型矿产资源基地基本情况

资源基地名称	保有资源储量	矿山总数/座
安徽省铜陵市—马鞍山市铜铁资源基地	铜矿 96.4 万吨； 铁矿 6.7 亿吨	90
湖北省大冶市—江西省九瑞铁铜矿基地	铜矿 331.4 万吨； 铁矿 2.6 亿吨	90
湖北省荆州市—襄阳市磷矿基地	磷矿 9.7 亿吨	164
湖南省香花岭—骑田岭锡矿基地	锡矿 5.1 万吨	51
江西省德兴市铜金矿基地	铜矿 552 万吨； 金矿 36.2 吨	23
黔西南金矿基地	金矿 126 吨	69
贵州省瓮福磷资源基地	磷矿 2.1 亿吨	19
云南省昆阳市镇磷资源基地	磷矿 5.4 亿吨	54
贵州省遵义市锰资源基地	锰矿 2 495 万吨	36
黔北铝土矿基地	铝土矿 4 889 万吨	16
云南省会泽县铅锌资源基地	锌矿 46.8 万吨	9
四川省攀枝花市钒钛磁铁矿基地	铁矿 19.9 亿吨	159
云南省个旧市锡资源基地	锡矿 27.5 万吨	11
云南省兰坪白族普米族自治县铅锌银资源基地	铅矿 46.8 万吨； 锌矿 640 万吨	17

（2）对国民经济有重要意义的矿区及国家规划矿区的空间分布

长江经济带中对国民经济有重要意义的矿产资源包括钨、锡、稀土等国家战略性矿产资源，以及部分非战略性矿产资源，一共 32 个矿区（表 2-5）。长江经济带中的矿区包括煤炭、煤层气、稀土等国家规划矿区共 38 个（表 2-6），其中煤炭主要分布在安徽省、贵州省、四川省等地；稀土主要分布在江西省赣州市等地。

表 2-5　长江经济带中对国民经济有重要意义的矿区空间布局

矿种	矿区名称	地理位置
煤炭	潘集煤矿外围矿区	安徽省淮南市
	桥头河矿区	湖南省涟源市
	椒板溪矿区	湖南省溆浦县
	恩口矿区	湖南省娄底市
	褐煤矿区	云南省昭通盆地

矿种	矿区名称	地理位置
铁	惠民铁矿矿区	云南省澜沧拉祜族自治县
	楚格扎铁矿矿区	云南省维西傈僳族自治县
钒	巨鱼坪矿区	湖南省张家界市
钒钛磁铁矿	红格南矿区	四川省攀枝花市
铜铅锌	格咱铜矿区	云南省香格里拉市
	鲁春铜铅锌多金属矿区	云南省德钦县
铅锌	里仁卡矿区	云南省德钦县
钨	东源矿区	安徽省祁门县
	高家榜钨矿区	安徽省青阳县
	碧云矿区	安徽省旌德县
	杨梅坑钨矿区	湖南省资兴市
	张家垄钨矿区	湖南省资兴市
	平摊钨矿区	湖南省城步苗族自治县
锡	白沙砂锡矿矿区	湖南省常宁市
	双安砂锡矿矿区	湖南省常宁市
	西岭砂锡矿矿区	湖南省常宁市
	邹家桥砂锡矿矿区	湖南省常宁市
	庙前砂锡矿矿区	湖南省常宁市
	湾子塘砂锡矿矿区	湖南省常宁市
稀土	赣南稀土矿区	江西省赣南市
	新墙河流域独居石砂矿矿区	湖南省岳阳县
	詹家桥独居石砂矿矿区	湖南省临湘市
	望湘独居石砂矿矿区	湖南省湘阴县
	南江桥独居石砂矿矿区	湖南省平江县
金	汨罗砂金矿区	湖南省汨罗市
磷	东山峰磷矿区	湖南省石门县
重晶石	贡溪重晶石矿区	湖南省新晃侗族自治县

表2-6　长江经济带国家规划矿区

主要矿种	矿区名称	地理位置
煤炭	淮南矿区	安徽省淮南市
	淮北矿区	安徽省萧县、濉溪县、涡阳县、宿州市
	古叙矿区	四川省古蔺县、叙永县
	筠连矿区	四川省筠连县、高县、珙县
	盘州矿区	贵州省盘州市
	水城矿区	贵州省六盘水市
	织纳矿区	贵州省纳雍县、织金县
	黔北矿区	贵州省金沙县、桐梓县、大方县、毕节市、赫章县
	恩洪矿区、庆云矿区	云南省曲靖市、富源县
	老厂矿区	云南省富源县
煤层气	淮南矿区	安徽省淮南市
	淮北矿区	安徽省淮北市
	恩洪—老厂矿区	云南省曲靖市
	盘州矿区	贵州省盘州市
	织纳矿区	贵州省毕节市
钒钛磁铁矿	攀枝花钒钛磁铁矿矿区	四川省攀枝花市
	白马钒钛磁铁矿矿区	四川省攀枝花市
锡多金属	个旧锡矿国家规划矿区	云南省红河哈尼族彝族自治州
金	鹤庆北衙金矿及周边矿区	云南省大理白族自治州
稀土	龙南重稀土矿区（1）	江西省赣州市
	龙南重稀土矿区（2）	江西省赣州市
	寻乌轻稀土矿区	江西省赣州市
	定南中稀土矿区	江西省赣州市
	赣县（北）中稀土矿区	江西省赣州市
	赣县（中）重稀土矿区	江西省赣州市
	赣县（南）中稀土矿区	江西省赣州市
	定远中、重稀土矿区	江西省赣州市
	信丰（北）中稀土矿区	江西省赣州市
	信丰（南）中重稀土矿区	江西省赣州市
	全南中稀土矿区	江西省赣州市

主要矿种	矿区名称	地理位置
磷	安宁—晋宁磷矿矿区	云南省昆明市
钨	老君山钨矿矿区	云南省麻栗坡县
锑	冷水江锡锑矿矿区	湖南省娄底市
石墨	巴中石墨矿区	四川省巴中市
	郴州石墨矿区	湖南省郴州市
	宜昌石墨矿区	湖北省宜昌市
锂、铷、铯	道县湘源矿区	湖南省永州市
	甲基卡矿区	四川省甘孜藏族自治州

2. 长江经济带矿业发展的现状特征

（1）近年，矿山企业数量和从业人数呈下降趋势，矿石产量和矿业工业总产值呈先增后减趋势

2007—2016 年的 10 年间，全国和长江经济带 11 省（直辖市）及青海省矿山企业数量和从业人数均呈持续下降趋势，截至 2016 年年底，矿山企业数量和从业人数均分别比 2007 年减少约 1/3 和 1/2（图 2-1、图 2-2）。

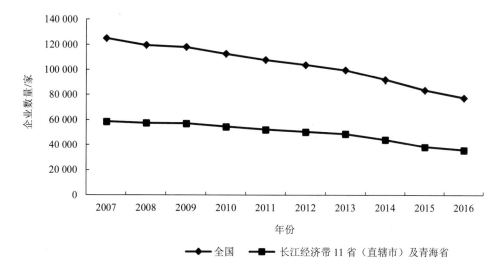

图 2-1　2007—2016 年全国和长江经济带 11 省（直辖市）及青海省矿山企业数量对比

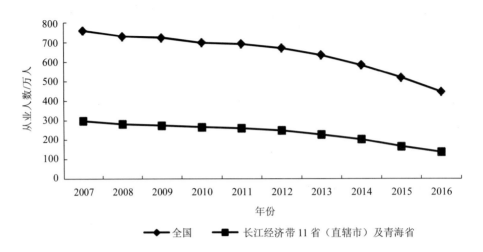

图 2-2 2007—2016 年全国和长江经济带 11 省（直辖市）及青海省矿业从业人数对比

从区域来看，长江经济带 11 省（直辖市）及青海省中，矿山企业数量除青海省外明显减少，安徽、贵州、云南、青海等省矿业和从业人数都有所增加（表 2-7、表 2-8）；从结构来看，长江经济带 11 省（直辖市）及青海省中，大型、中型矿山企业数量保持平稳，小型矿山企业数量稳中有降，小矿企业数量大幅减少，矿业产业集中度明显提升。

表 2-7 2007—2016 年长江经济带 11 省（直辖市）及青海省矿山企业数量

单位：家

地区	2007 年	2008 年	2009 年	2010 年	2011 年	2012 年	2013 年	2014 年	2015 年	2016 年
上海市	108	93	82	78	78	78	78	25	24	24
江苏省	2 713	2 413	2 112	1 833	1 589	1 425	1 304	1 134	1 044	874
浙江省	3 224	2 590	2 393	1 900	1 707	1 548	1 427	1 246	1 095	1 048
安徽省	5 909	5 679	5 130	4 285	3 722	3 311	2 767	2 272	1 764	1 509
江西省	6 356	6 520	6 437	6 362	6 136	5 936	6 058	5 653	5 236	4 745
湖北省	5 096	4 393	4 192	3 862	3 857	3 850	3 641	3 315	2 985	2 690
湖南省	7 037	8 135	8 289	7 670	7 456	7 345	7 308	6 195	5 727	5 198
重庆市	3 430	3 229	3 550	3 381	3 020	2 941	2 792	2 553	2 287	1 675
四川省	7 550	7 520	7 949	7 963	7 911	7 688	7 266	6 463	5 827	5 262
贵州省	7 461	7 073	7 622	8 002	7 848	7 415	7 106	6 594	4 400	5 280
云南省	8 866	8 897	8 449	8 342	8 042	7 971	8 084	7 860	7 206	6 734
青海省	864	886	832	832	929	918	978	843	830	865

表 2-8 2007—2016 年长江经济带 11 省（直辖市）及青海省矿业从业人数

单位：万人

地区	2007 年	2008 年	2009 年	2010 年	2011 年	2012 年	2013 年	2014 年	2015 年	2016 年
上海市	0.07	0.08	0.09	0.1	0.05	0.05	0.05	0.06	0.06	0.05
江苏省	13.53	13.59	13.67	12.6	12.85	12.83	13.62	11.77	10.6	8.55
浙江省	1.5	1.59	1.66	1.7	1.56	1.4	0.97	0.86	0.7	0.6
安徽省	21.53	29.25	30.3	32.1	34.03	34.61	33.1	31.33	27.04	23.06
江西省	8.9	10.09	8.48	9	8.97	10.12	8.33	7.77	7.21	5.78
湖北省	9.64	10.07	8.81	9.9	12.98	11.97	8.95	7.78	7.08	6.49
湖南省	13.74	13.21	15.01	15.4	15.35	15.19	15.5	12.59	10.26	8.15
重庆市	16.83	9.2	9.53	9.4	10.4	10.39	10.14	8.99	7.35	5.63
四川省	19.15	23.19	21.91	20.4	21.31	24.48	23.2	23.51	19.55	18.59
贵州省	10.5	10.83	11.54	11.8	13.54	18.17	18.42	17.59	15.47	13.41
云南省	11.9	11.52	14.55	15.2	18.41	22.27	22.92	17.34	15.28	13.6
青海省	1.71	1.79	1.93	2	2.6	2.59	4.42	4.21	3.93	3.48

　　2007—2016 年的 10 年间，全国和长江经济带 11 省（直辖市）及青海省的矿石产量和矿业工业总产值均呈先增长后下降趋势，但长江经济带 11 省（直辖市）及青海省变化幅度相对较小（图 2-3、图 2-4）。长江经济带内 11 省（直辖市）及青海省矿石产量和矿业工业总产值变化情况差异较大，矿石产量和矿业工业总产值越高的省（直辖市）变化幅度越大。

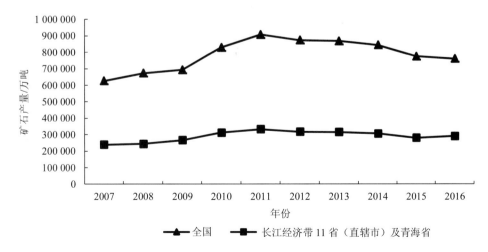

图 2-3 2007—2016 年全国和长江经济带 11 省（直辖市）及青海省矿石产量对比

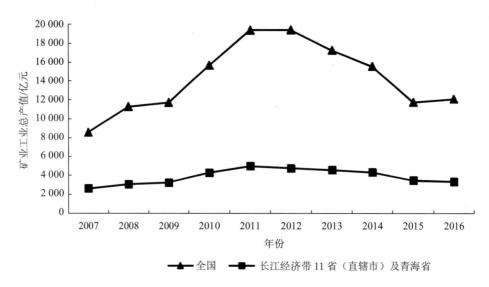

图 2-4　2007—2016 年全国和长江经济带 11 省（直辖市）及青海省矿业工业总产值对比

　　截至 2016 年年底，从经济贡献来看，长江下游各省（直辖市）矿业对就业和工业增加值的贡献相对较小，中上游地区各省（直辖市）的贡献相对较大，其中青海省矿业的工业增加值占比最大，达到 7.79%（表 2-9）。

表 2-9　2016 年长江经济带 11 省（直辖市）及青海省矿业从业人员和工业增加值情况

地区	从业人员/人	占地区就业人数比例	工业增加值/万元	占地区总工业增加值比例
长江经济带 11 省（直辖市）及青海省合计	1 372 948	—	8 211 869.31	0.66%
上海市	546	0.04‰	6 656.32	0.08‰
江苏省	69 908	0.15%	437 045.02	0.14%
浙江省	34 672	0.09%	338 944.61	0.18%
安徽省	216 401	0.50%	1 881 940.63	1.87%
江西省	141 111	0.53%	952 968.76	1.32%
湖北省	74 484	0.21%	495 813.59	0.40%
湖南省	159 612	0.40%	404 717.17	0.36%
重庆市	67 349	0.39%	265 333.77	0.43%

地区	从业人员/人	占地区就业人数比例	工业增加值/万元	占地区总工业增加值比例
四川省	198 069	0.41%	777 565.69	0.70%
贵州省	169 072	0.85%	707 242.43	1.90%
云南省	204 929	0.68%	1 241 208.7	3.19%
青海省	36 795	—	702 432.62	7.79%

（2）矿山数量多，但大型、中型矿山比例较低；产出较大，但产值偏低

截至 2016 年年底，长江经济带 11 省（直辖市）及青海省共有 35 904 座矿山，占全国矿山总数的 42.92%，其中大型矿山 1 434 座、中型矿山 2 294 座、小型矿山 22 148 座、小矿 10 028 座，全国占比分别为 3.99%、6.40%、61.68%、27.94%，其中小型矿山和小矿比重偏高，合计约占 90%；同时，与全国各种类型矿山数量比例相比，长江经济带 11 省（直辖市）及青海省的大型、中型矿山数量比例低于全国比例，而小型矿山数量比例高于全国比例（图 2-5）。

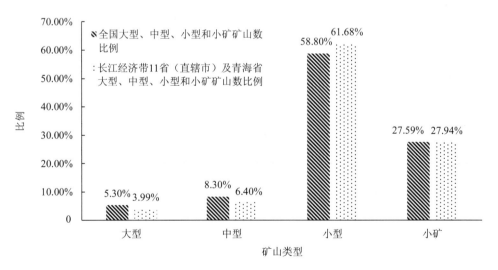

图 2-5　2016 年全国和长江经济带 11 省（直辖市）及青海省大型、中型、小型矿山和小矿数量比例

2016 年，长江经济带 11 省（直辖市）及青海省矿石开采总量为 290 684.87 万吨，占全国开采总量的 37.51%，但矿业产业工业总产值只占全国工业总产值的 28.62%，工

业增加值只占全国工业增加值的 18.91%，矿业整体产出偏低（表 2-10）。

表 2-10　2016 年全国和长江经济带 11 省（直辖市）及青海省大型、中型、小型矿山和

小矿数量及矿业工业总产值

地区	大型矿山数量/座	中型矿山数量/座	小型矿山数量/座	小矿数量/座	合计/座	矿石产量/万吨	矿业工业总产值/万元
全国	4 140	6 667	48 390	24 451	83 648	774 924.54	117 356 204.3
长江经济带 11 省（直辖市）及青海省合计	1 434	2 294	22 148	10 028	35 904	290 684.87	33 593 026.92
上海市	0	1	23	0	24	58.4	23 266.4
江苏省	115	60	699	0	874	15 823.77	1 325 155.3
浙江省	467	172	368	41	1 048	55 515.27	1 370 896
安徽省	207	187	662	453	1 509	46 761.49	7 826 969.1
江西省	68	311	2 902	1 464	4 745	25 288.65	2 761 882.4
湖北省	65	137	1 341	1 147	2 690	19 829.88	2 164 656.9
湖南省	77	241	3 713	1 167	5 198	24 360.87	2 621 637.8
重庆市	61	173	1 185	256	1 675	14 008.77	1 276 299.3
四川省	117	265	3 400	1 480	5 262	23 681.68	3 515 484.4
贵州省	156	483	3 413	1 228	5 280	29 926.89	3 797 651
云南省	59	212	4 083	2 380	6 734	25 397.56	4 455 321.1
青海省	42	52	359	412	865	10 031.64	2 453 807.2

（3）空间分布不均，资源依赖性强

①煤炭主要产自上游和下游地区，但下游地区产业集中度更高

长江经济带 11 省（直辖市）及青海省内战略性能源矿产开采以煤炭为主，2016 年矿石开采量为 290 684.87 万吨，矿石主要开采自下游安徽省和上游四川省、贵州省和云南省，中游地区煤炭矿石开采量较少（图 2-6）。

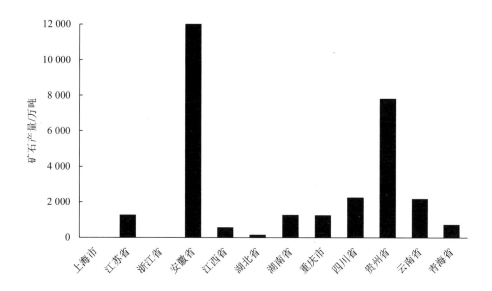

图 2-6　2016 年长江经济带 11 省（直辖市）及青海省煤炭矿石产量

其中，上游地区矿山数量多，大型、中型矿山比例低；下游地区矿山数量少，但大型、中型矿山比例高（图 2-7、图 2-8）。

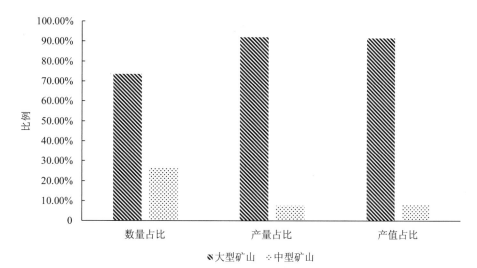

▧ 大型矿山　∴ 中型矿山

图 2-7　2016 年安徽省煤炭开采情况

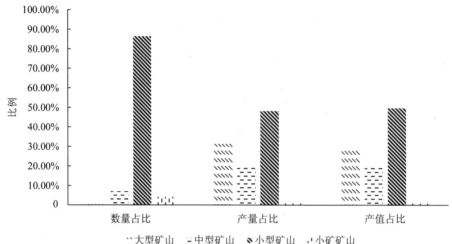

图 2-8　2016 年贵州省煤炭开采情况

②金、钨、锂、铝、锡矿石产量之和高且集中，大型、中型矿山矿石产量占比高

战略性金属矿产中开采量较大的是铁、铜、金、钨、锂、铝、锡等矿产，且产出大部分集中于 1～2 个省（直辖市），大型、中型矿山的矿石产量占比较高，产业集中度较高；其他战略性金属矿产在长江经济带 11 省（直辖市）及青海省没有产出（表 2-11）。

表 2-11　2016 年长江经济带 11 省（直辖市）及青海省部分矿种矿山数量和矿石产量

矿种	地区	矿山数量（大型、中型矿山数量）/座	矿石产量（大型、中型矿山矿石产量）/万吨	产量全国占比
铁	安徽省	104（30）	3 735.95（3 640.42）	28.41%
	四川省	101（27）	6 511.22（6 413.7）	49.52%
铜	江西省	50（9）	5 692.3（5 663.9）	67.35%
	云南省	233（19）	1 020.6（954.54）	12.08%
金	云南省	73（11）	552.51（412.11）	39.27%
	青海省	17（4）	208.16（198.63）	14.80%
钨	江西省	88（20）	677.9（544.6）	71.26%
	湖南省	23（6）	247.3（167.99）	25.99%
锂	青海省	2（2）	753（753）	98.78%

矿种	地区	矿山数量（大型、中型矿山数量）/座	矿石产量（大型、中型矿山矿石产量）/万吨	产量全国占比
铝	贵州省	85（14）	333.74（114.21）	62.59%
	云南省	2（2）	195.21（195.21）	36.61%
锡	云南省	65（6）	401.63（396.1）	79.51%
镍	四川省	6（3）	3.87（0）	86.58%
钼	浙江省	10（0）	2.19（0）	100%

③江西省、四川省是稀土的主要产区

江西省和四川省属于我国稀土资源储量最丰富的地区，是长江经济带 11 省（直辖市）及青海省乃至全国的主要稀土产区。2016 年，江西省和四川省轻稀土产量分别占全国稀土产量的 35.98% 和 27.27%，江西省重稀土产量占全国稀土产量的 100%（图 2-9）。

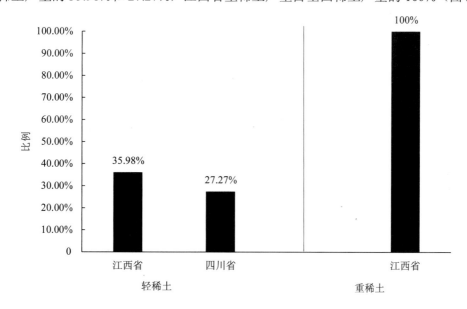

图 2-9　2016 年长江经济带 11 省（直辖市）及青海省稀土产量占全国稀土产量的比例

④磷矿大型和中型矿山占比较高，普通萤石大型和中型矿山占比低

战略性非金属矿产主要为磷矿和普通萤石。2016 年，磷矿主要分布在湖北省、四川省、贵州省和云南省，其大型、中型矿山比例在 45% 以上，大型、中型矿山矿石产量之

和占比超过 80%。普通萤石主要产自浙江省、江西省和湖南省，大型、中型矿山比例均
不到 10%，但大型、中型矿山矿石产量之和占比超过 55%（图 2-10～图 2-13）。

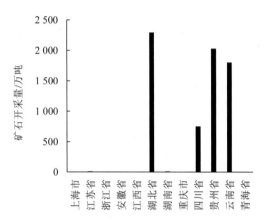

图 2-10　2016 年长江经济带 11 省（直辖市）

及青海省磷矿石开采量

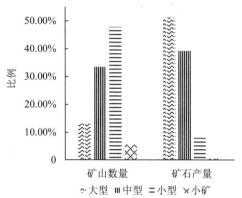

图 2-11　2016 年长江经济带 11 省（直辖市）

及青海省磷矿矿山企业情况

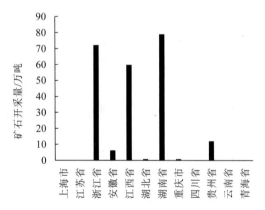

图 2-12　2016 年长江经济带 11 省（直辖市）

及青海省普通萤石开采量

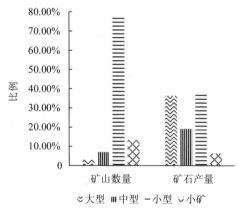

图 2-13　2016 年长江经济带 11 省（直辖市）

及青海省普通萤石矿山企业情况

⑤建材类非金属矿产开采量巨大，约占区域内矿石开采总量的 70%

长江经济带 11 省（直辖市）及青海省中非战略性矿产资源开采量最大的是建材类

非金属矿产，主要包括水泥、玻璃、陶瓷、砖、瓦、砂、石、建筑面饰石材等，在长江经济带内储量丰富，除上海市外，都有较大的开采量，2016 年建材类非金属矿石总开采量达 201 955.55 万吨，占全国建材类非金属矿石总开采量的 50%以上（图 2-14、图 2-15）。

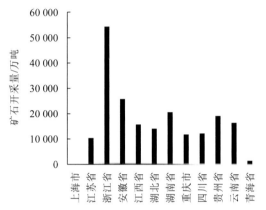

图 2-14　2016 年长江经济带 11 省（直辖市）及青海省建材类非金属矿开采量

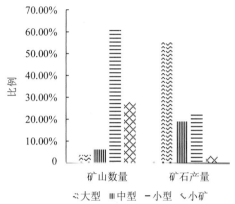

图 2-15　2016 年长江经济带 11 省（直辖市）及青海省建材类非金属矿矿山企业情况

3. 长江经济带矿产资源开发强度的现状特征

（1）长江经济带战略性矿产资源开发强度现状特征

2016 年 11 月，国土资源部、国家发展改革委等部门发布了《全国矿产资源规划（2016—2020 年）》，确立了 24 种战略性矿产资源（表 2-12），并对长江经济带 11 省（直辖市）及青海省中 24 种战略性矿产资源的储量和产量数据进行了整理，对比了储量、产量占比，分析了长江经济带矿产开发强度。

表 2-12　24 种战略性矿产资源目录

类别	矿产资源
能源矿产	石油、天然气、页岩气、煤炭、煤层气、铀
金属矿产	铁、铬、铜、铝、金、镍、钨、锡、钼、锑、钴、锂、稀土、锆
非金属矿产	磷、钾盐、晶质石墨、萤石

长江经济带 11 省（直辖市）及青海省能源矿产资源中页岩气储量全国占比达到了100%，天然气也达到了 31.91%；金属矿产资源中，锂矿储量达到了 92.1%，其次是钨矿 74.4%、锡矿 52.82%、锑矿 43.13%、铜矿 36.33%；非金属矿产资源中磷矿储量全国占比达到了 88.5%，普通萤石达到了 84.36%。因此，有色金属、非金属矿产是长江经济带 11 省（直辖市）及青海省储量丰富的矿产资源。

①煤炭整体开发强度适中，安徽省开发强度较大

2016 年，长江经济带 11 省（直辖市）及青海省能源矿产中，煤炭基础储量为 360.51亿吨，占全国煤炭基础储量的 14.47%，年开采量为全国煤炭开采量的 11.95%；长江经济带 11 省（直辖市）及青海省天然气基础储量为 17 349.95 亿米^3，占全国天然气储量的 31.91%；长江经济带 11 省（直辖市）及青海省石油基础储量为 13 308.7 万吨，占全国石油基础储量的 3.8%（表 2-13）。

表 2-13　2016 年全国和长江经济带 11 省（直辖市）及青海省天然气、石油、煤炭储量

地区	天然气基础储量/亿米^3	石油基础储量/万吨	煤炭基础储量/亿吨
全国	54 365.46	350 120.30	2 492.26
上海市	—	—	—
江苏省	23.31	2 729.50	10.39
浙江省	—	—	0.43
安徽省	0.25	238.50	82.37
江西省	—	—	3.36
湖南省	—	—	6.62
湖北省	46.87	1 185.90	3.20
重庆市	2 726.90	266.90	18.03
四川省	13 191.61	623.40	53.21
贵州省	6.10		110.93
青海省	1 354.44	8 252.30	12.39
云南省	0.47	12.20	59.58

长江经济带 11 省（直辖市）及青海省战略性能源矿产中，石油、天然气、煤炭储量排名前四的省储量、产量占全国的比重较低，开采强度均比较低。对煤炭储量前四位

的省进行开发强度分析可知，安徽省开发强度较大，四川省、贵州省、云南省开发强度适中（图 2-16）。

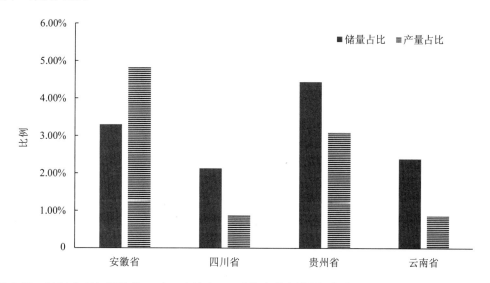

图 2-16 2016 年长江经济带 11 省（直辖市）及青海省煤炭储量排名前四的省的储量、产量全国占比

②磷矿开采强度较大，萤石开采强度适中

2016 年，长江经济带 11 省（直辖市）及青海省战略性非金属矿产中，磷矿、萤石储量极其丰富，开采量也很大（表 2-14），其中磷矿储量占全国总储量的 88.5%，开采量占全国磷矿总开采量的 96.88%，开采程度较大；萤石储量占全国总储量的 84.36%，开采量达到全国开采量的 66.48%。

表 2-14 2016 年全国和长江经济带 11 省（直辖市）及青海省磷矿、萤石储量及开采量

地区	磷矿		萤石	
	储量/亿吨	开采量/万吨	储量/万吨	开采量/万吨
全国	244.08	7 119.55	20 382.18	347.5
江苏省	0.93	9.92	34.5	0
上海市	—	—	—	—
浙江省	0.18	0	3 812.75	72.28
安徽省	0.75	0	592.42	6.25

地区	磷矿		萤石	
	储量/亿吨	开采量/万吨	储量/万吨	开采量/万吨
江西省	1.07	0	1 673.62	59.87
湖北省	69.74	2 292.63	107.74	0.75
湖南省	19.88	9.76	9 524.59	79.05
四川省	27.89	749.87	239	0
贵州省	43.46	2 032.24	328.6	12.03
云南省	47.01	1 802.79	385.27	0
青海省	5.11	0	347.4	0
重庆市	—	—	149.32	0.78

对战略性非金属矿产储量排名前四的省进行开发强度分析可知，湖北省、云南省、贵州省的磷矿和浙江省、江西省的普通萤石开发强度较大，其他开采强度比较适中（图2-17）。

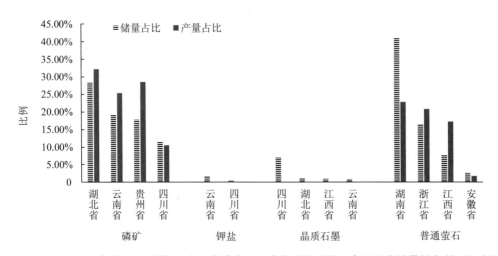

图2-17 2016年长江经济带11省（直辖市）及青海省战略性非金属矿产储量排名前四的省的储量、产量全国占比

③铜钨锡锑开发强度较大，锑矿最为突出

2016年，长江经济带11省（直辖市）及青海省战略性金属矿产中，铜矿、钨矿、锡矿、锑矿产量全国占比分别为65.9%、86.15%、71.45%、88.06%，对比储量占比，开采强度较大，特别是锑矿；铁矿、铝铁矿、金矿开采强度适中；镍矿、钼矿、锂矿等矿

产开采强度偏低（图 2-18）。

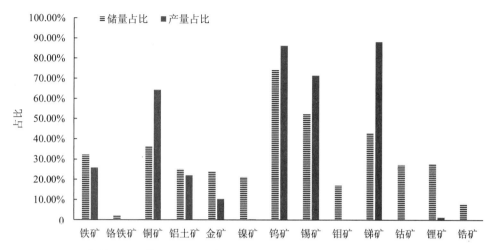

图 2-18　2016 年长江经济带 11 省（直辖市）及青海省战略性金属矿产的储量、产量全国占比

长江经济带 11 省（直辖市）及青海省优势战略性矿产资源中，钨、锡、锑等也是我国的优势矿产，我国储量分别占世界的 55.25%、22.92%、32%；煤炭、磷矿、萤石、钨、锡、锑的产量占全球比例较大，分别为 43.59%、53.23%、63.33%、83.16%、34.48%、73.33%（图 2-19）。通过分析可知，与全球产量相比，我国这些矿产的开采强度均偏大，特别是煤炭、磷矿、萤石、钨矿、锑矿。

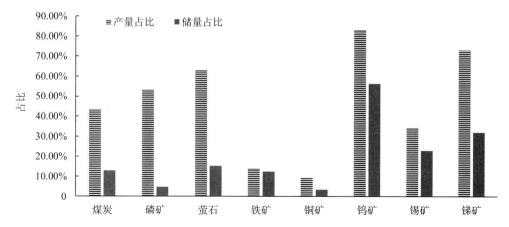

图 2-19　2016 年长江经济带 11 省（直辖市）及青海省优势战略性矿产资源的全国储量、产量全球占比

对长江经济带 11 省（直辖市）战略性金属矿产储量排名前四的省（直辖市）进行开发强度分析可知，四川省、安徽省的铁矿开采强度略高，江西省的铜矿、钨矿、锡矿开采强度较大，云南省的铝土矿、锡矿、锑矿和湖南省的锑矿开采强度也比较大，其他开采强度比较适中或偏低（图 2-20）。

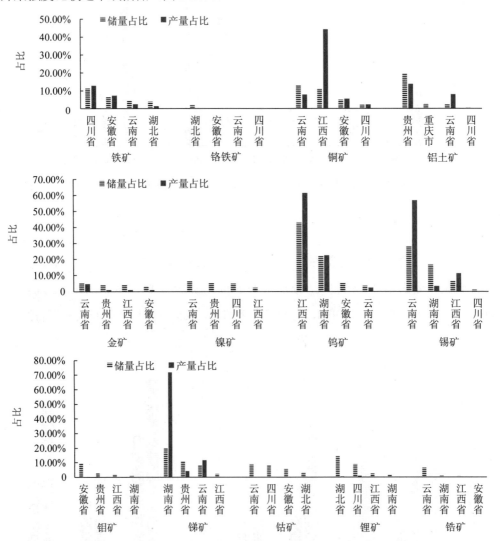

图 2-20　2016 年长江经济带 11 省（直辖市）战略性金属矿产储量排名前四的省（直辖市）的储量、产量全国占比

（2）长江经济带 11 省（直辖市）及青海省主要非战略性矿产资源开发强度的现状特征

长江经济带 11 省（直辖市）及青海省非战略性矿产种类较多，资源储量比较丰富。2016 年，明矾石、芒硝、钛矿、铌钽矿等矿产储量均占全国的 80%以上，钒矿、铋矿、锰矿、冶金用砂岩、硫铁矿等均占全国的 50%以上，锶矿、锌矿等均占全国的 30%以上。

①非战略性矿产开发种类较多，多种矿产开发强度非常大

长江经济带 11 省（直辖市）及青海省是镁矿、铌钽矿、铋矿、锶矿、冶金用砂岩、明矾石等矿产的唯一开采地区，芒硝、钛矿等矿产的开采量均占全国的 80%以上，非战略性矿产开采种类多，除锰矿、钒矿、硫铁矿外，其他矿产开采强度均较大（图 2-21）。

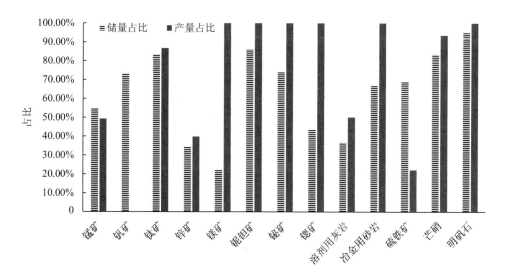

图 2-21　2016 年长江经济带 11 省（直辖市）及青海省主要非战略性矿产的储量、产量全国占比

对长江经济带 11 省（直辖市）及青海省非战略性金属矿产储量排名前四的省（直辖市）进行开发强度分析可知，云南省的钛矿，江苏省的锶矿、钛矿，安徽省的镁矿，重庆市的锶矿和湖南省的铋矿开采强度非常大；湖南省、重庆市的锰矿和云南省、湖南省的锌矿开采强度较大；其他矿种开采强度适中或偏低（图 2-22）。

长江经济带 11 省（直辖市）及青海省非战略性非金属矿产中，安徽省的溶剂用灰岩、硫铁矿，贵州省的冶金用砂岩，江苏省的芒硝，浙江省的明矾石开采强度非常大；江

西省的溶剂用灰岩和冶金用砂岩、湖北省的溶剂用灰岩、四川省的芒硝开采强度适中；其他矿种开采强度偏低（图2-22）。

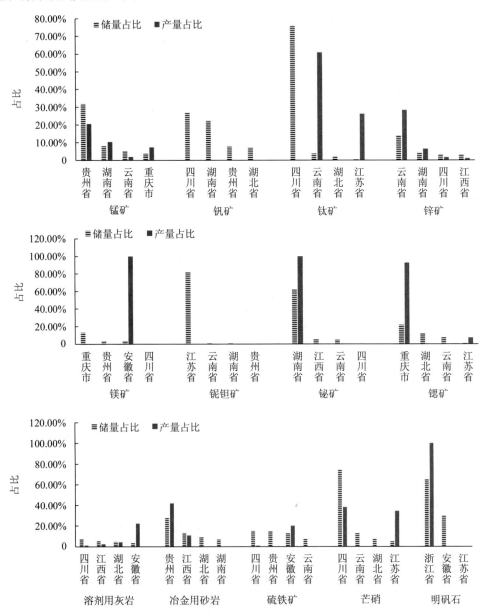

图 2-22　2016 年主要非战略性非金属矿产储量排名前四的省（直辖市）的储量、产量全国占比

②滇黔川湘赣开发强度较大，苏浙沪青开发强度较低

长江经济带 11 省（直辖市）及青海省中，云南省、贵州省、四川省、湖南省、江西省的矿产资源开发强度较大，安徽省、重庆市、湖北省的开发强度适中，而江苏省、浙江省、上海市和青海省的开发强度相对较低。

三、矿产资源开发与生态环境保护协调政策梳理

1. "绿色矿山"相关法律法规

我国"绿色矿山"的发展历程大体可以概括为以下四个阶段（表 2-15）：第一阶段，2003—2005 年，概念的形成阶段，强调提高资源合理利用性，追求环境和谐发展，首次提出了"绿色矿山"的概念。第二阶段，2007—2009 年，探索推进阶段，系统阐述了建设"绿色矿山"、发展"绿色矿业"的重要意义，提出了建设"绿色矿山"的基本条件、原则和目标。第三阶段，2010—2014 年，试点引领阶段，国家陆续公布了第一批、第二批、第三批、第四批"绿色矿山试点单位"共 661 家，我国"绿色矿山"进入试点示范阶段。第四阶段，2015 年至今，全面绿色推进阶段，多部委多方联动，制定相适应的标准，进行规划设计，"绿色矿山"逐步走向规范化、标准化。

表 2-15　中国"绿色矿山"发展历程

概念的形成	2003 年	党的十六届中央委员会第三次全体会议中第一次提出"树立全面、协调、可持续的发展观，促进经济社会和人的全面发展"，"绿色矿山"理念应运而生
	2005 年	"绿色矿山"概念在浙江省发布的《关于开展创建省级"绿色矿山"试点工作的通知》被第一次提出
探索推进	2007 年	中国国际矿业大会以"落实科学发展观，推进绿色矿业"为主题，首次明确提出了"绿色矿业"理念
	2008 年	《全国矿产资源规划（2008—2015 年）》明确提出了发展"绿色矿业"的要求，并确定了"2020 年'绿色矿山'格局基本建立"的总体目标

探索推进	2009 年	中国矿业联合会制定了《中国矿业联合会绿色矿业公约》，要求从根本上实现资源合理开发利用与环境保护协调发展
试点引领	2010 年	国土资源部下发了《关于贯彻落实全国矿产资源规划发展绿色矿业建设"绿色矿山"的指导意见》
	2011—2014 年	国土资源部在 2011 年 3 月公布了第一批"国家级绿色矿山"试点名单，标志着我国"绿色矿山"建设进入试点示范阶段。2012—2014 年，陆续公布了第二批、第三批、第四批试点单位。四批试点单位共计 661 家
全面绿色推进	2015 年	国务院《关于加快推进生态文明的建议》中提出，发展"绿色矿业"，加快推进"绿色矿山"建设，促进矿产资源高效利用，提高矿产资源开采回采率、选矿回收率和综合利用率
	2016 年	《全国矿产资源规划（2016—2020 年）》中指出要树立节约集约循环利用的资源观，推动资源利用方式根本转变，加快发展"绿色矿业"
	2017 年	国家六部委联合印发《关于加快建设"绿色矿山"的实施意见》，提出我国"绿色矿山"建设到 2020 年的目标；《中共中央 国务院关于开展质量提升行动的指导意见》指出，提高供给质量是供给侧结构性改革，全面提高产品和服务质量
	2019 年	自然资源部发布非金属、化工、黄金、煤炭、砂石、陆上石油天然气、水泥灰岩、冶金、有色金属九大行业"国家级绿色矿山"建设规范，主要从矿区环境、资源开发利用方式、资源综合利用、节能减排、科技创新与数字化矿山、企业管理与企业形象六方面，根据行业特点做出了具体要求

2. 生态补偿相关政策和法律法规

矿产资源的开发导致生态环境遭到了严重的破坏。为此，国家制定出一系列的政策和法律法规来解决矿产资源的开发利用和环境治理问题。我国的矿产资源开发生态补偿的相关政策和法律法规如表 2-16 所示。

表 2-16　我国矿产资源开发生态补偿的相关政策和法律法规

时间	政策和法律法规
1986 年	全国人民代表大会常务委员会通过《矿产资源法》，对矿产资源税做了概括和规定，规定了矿山企业的复垦义务以及开采矿产资源给他人造成损失的损害赔偿责任
1989 年	《土地复垦规定》主要针对采矿引起的地质灾害、土地复垦以及废水、废物的利用
1994 年	国务院发布《矿产资源补偿费征收管理规定》，提出了矿产资源补偿费的计征方式
1996 年	《煤炭法》也规定了矿山企业的复垦义务以及开采矿产资源给他人造成损失的损害赔偿责任
2003 年	国家设立矿山地质环境专项资金，支持矿山的地质环境治理
2005 年	党的十六届五中全会《关于制定国民经济和社会发展第十一个五年规划的建议》首次提出，按照"谁开发谁保护，谁受益谁补偿"的原则，加快建立生态补偿机制
2006 年	财政部、国土资源部、国家环境保护总局联合提出《关于逐步建立矿山环境治理和生态恢复责任机制的措施的指导意见》，要求各地按照"企业所有、政府监管，专款专用"的原则制定矿山生态环境保护和综合治理方案，并提出达到矿山环境治理及生态恢复目标的具体措施
2011 年	第十一届全国人大四次会议审议通过的"十二五"规划纲要就建立生态补偿机制做了专门阐述。同年，中国环境与发展国际合作委员会组件"生态补偿机制与政策研究"课题组对生态补偿的定义、补偿维度和机制建设开展广泛研究
2012 年	新修订的《环境保护法》第 31 条明确规定了国家建立健全生态保护补偿制度
2013 年	国土资源部颁布《国土资源部关于进一步规范矿产资源补偿费征收管理的通知》（国土资发〔2013〕77 号），对于那一核定销售价格或销售收入的矿产资源补偿费进行了规定
2016 年	国土资源部、财政部、环境保护部等五部委联合印发《关于加强矿山地质环境恢复和综合治理的指导意见》（国土资发〔2016〕63 号），进一步规范、完善了保证金制度
2017 年	五部委发布了《关于取消地质环境恢复治理保证金　建立矿山地质环境治理恢复基金的指导意见》（财建〔2017〕638 号），进一步明确了矿山地质环境治理恢复基金的缴存方式、使用方式和监管机制等内容

　　目前，矿产资源开发生态补偿制度的具体内容主要体现在《环境保护法》《矿产资源法》、土地整理复垦制度、矿山环境治理恢复保证金制度、矿区税费制度、环境影响评价制度等的相关内容中。我国并没有对矿产资源开发生态补偿机制专门立法，矿产资源生态补偿主要以国家政策形式实施，同时，地方进行自主性探索实践。总体来看，国家提出的矿山环境治理和生态恢复责任制度，已取得初步成效，但由于我国矿产资源丰富，且分布广泛，涉及经济、社会、生态环境等方面，情况复杂，研究工作还需进一步深入。

第三章

矿产资源开发的重大生态环境问题及其成因

由于长时间、大规模、高强度、无序的矿产资源开发，长江经济带流域整体性保护欠缺，水资源及其生态环境之间关系紧张。其中，长江经济带部分地区存在资源环境超载、环境质量较低、生态受损较大、环境风险较高等问题，区域间发展与保护不均衡问题日渐突出。生态环境问题已成为制约长江经济带经济社会发展的主要矛盾之一。目前长江经济带矿产资源开发的重大生态环境问题可分为生态、环境和人居三个方面，主要表现为矿区、矿业园区水土污染依旧突出；矿区生态系统被破坏，挤占生态空间；尾矿库堆放和地质灾害威胁人居安全。

长江经济带11省（直辖市）及青海省矿产资源开发中各省（直辖市）各矿区重大生态环境问题如表3-1所示。煤炭、建材等矿产资源开采引起的生态环境问题主要表现为破坏和占用土地资源所导致的水土流失加剧、地表坍塌等；金属矿产资源开发引起的生态环境问题主要表现为土壤污染、地下水资源重金属污染等；磷矿等非金属矿产的主要生态环境问题主要表现为洗选、尾矿堆放不合理等。

从风险的累积性、系统性、整体性进行识别，长江经济带有色金属采选持续高强度排放造成的土壤重金属污染具有累积性；尾矿坝堆放占用土地、污染水土、威胁人居，具有系统性风险；磷矿采选是造成部分支流总磷超标的原因之一，但对整个流域总磷超标的贡献率较低。

表 3-1 长江经济带 11 省（直辖市）及青海省矿区重大生态环境问题

地区	矿区	矿种	问题
青海省	滩间山—锡铁山矿区	铁矿	占用土地资源、污染地下水
	都兰县五龙沟金矿	金矿	占用土地资源、污染地下水
贵州省	毕节市双山区戈乐村老煤窑片区	煤矿	破坏土地资源和植物资源、加剧水土流失，采煤塌陷引起山地、丘陵发生山体滑落或泥石流
	遵义市煤矿 3 矿井片区	煤矿	破坏土地资源和植物资源、加剧水土流失，采煤塌陷引起山地、丘陵发生山体滑落或泥石流
	大方县高原一带煤矿区水城县小河煤矿片区	煤矿	破坏土地资源和植物资源、加剧水土流失，采煤塌陷引起山地、丘陵发生山体滑落或泥石流
	六盘水市水塘黑坝齿煤矿区	煤矿	破坏土地资源和植物资源、加剧水土流失，采煤塌陷引起山地、丘陵发生山体滑落或泥石流
	安顺市轿子山煤矿片区	煤矿	破坏土地资源和植物资源、加剧水土流失，采煤塌陷引起山地、丘陵发生山体滑落或泥石流
	贵州盘江精煤股份有限公司金佳煤矿	煤矿	破坏土地资源和植物资源、加剧水土流失，采煤塌陷引起山地、丘陵发生山体滑落或泥石流
	瓮福磷矿	磷矿	水土流失、植被破坏、对土壤造成放射性污染、破坏地下水资源
	遵义市铜锣井—长沟锰矿区	锰矿	造成土壤污染、形成酸性土壤、污染地下水资源
	铜仁市汞矿区	汞矿	破坏土地资源、污染土壤和地下水
	务川仡佬族苗族自治县汞矿区	汞矿	破坏土地资源、污染土壤和地下水
	万山区汞矿区	汞矿	破坏土地资源、污染土壤和地下水
	杉树林铅锌矿区	铅矿、锌矿	破坏土地资源、污染土壤和地下水
	赫章县铁、铅锌矿区	铁、铅矿、锌矿	破坏土地资源、污染土壤和地下水
云南省	香格里拉市格咱乡雪鸡坪铜矿	铜矿	占用土地资源、污染地下水
	香格里拉市红山铜矿	铜矿	占用土地资源、污染地下水
	兰坪白族普米族自治县菜籽地铅锌矿	铅矿、锌矿	占用土地资源、污染地下水
	兰坪白族普米族自治县金顶铅锌矿	铅矿、锌矿	占用土地资源、污染地下水
	华坪县煤矿区	煤矿	破坏土地资源和植物资源、加剧水土流失，采煤塌陷引起山地、丘陵发生山体滑落或泥石流
	泸水市外岩房锡铜矿区	铜矿	占用土地资源、污染地下水
	泸水市隔界河铅矿	铅矿	占用土地资源、污染地下水
	大理市鹤庆北衙金矿区	金矿	占用土地资源、污染地下水
	梁河县锡矿矿区	锡矿	占用土地资源、污染地下水

地区	矿区	矿种	问题
云南省	弥渡县煤炭集中开采区	煤矿	破坏土地资源和植物资源、加剧水土流失，采煤塌陷引起山地、丘陵发生山体滑落或泥石流
	保山市核桃坪铅锌矿区	铅矿、锌矿	占用土地资源、污染地下水
	潞西市金矿区	金矿	占用土地资源、污染地下水
	永仁县—大姚县铜矿区	铜矿	占用土地资源、污染地下水
	宜良县对山歌海巴磷矿及周边	磷矿	水土流失、植被破坏、对土壤造成放射性污染、破坏地下水资源
	寻甸回族彝族自治县大湾磷矿及周边	磷矿	水土流失、植被破坏、对土壤造成放射性污染、破坏地下水资源
	楚雄彝族自治州白泥潭煤矿	煤矿	破坏土地资源和植物资源、加剧水土流失，采煤塌陷引起山地、丘陵发生山体滑落或泥石流
	南华县马街泼油山锌矿	锌矿	占用土地资源、污染地下水
	禄丰县—平浪星小煤矿	煤矿	破坏土地资源和植物资源、加剧水土流失，采煤塌陷引起山地、丘陵发生山体滑落或泥石流
	易门县铜矿	铜矿	占用土地资源、污染地下水
	滇池流域采石场	建材	破坏土地资源和植物资源
	澄江市王高庄磷矿	磷矿	水土流失、植被破坏、对土壤造成放射性污染、破坏地下水资源
	华宁县大新寨磷矿	磷矿	水土流失、植被破坏、对土壤造成放射性污染、破坏地下水资源
	绥江县板栗煤矿	煤矿	破坏土地资源和植物资源、加剧水土流失，采煤塌陷引起山地、丘陵发生山体滑落或泥石流
	永善县金沙铅锌矿	铅矿	占用土地资源、污染地下水
	彝良县洛泽河铅锌矿区	铅矿	占用土地资源、污染地下水
	茂租乡铅锌矿	铅矿、锌矿	占用土地资源、污染地下水
	盐津县煤矿区	煤矿	破坏土地资源和植物资源、加剧水土流失，采煤塌陷引起山地、丘陵发生山体滑落或泥石流
	彝良县冷沙湾煤矿	煤矿	破坏土地资源和植物资源、加剧水土流失，采煤塌陷引起山地、丘陵发生山体滑落或泥石流
	威信市煤矿区	煤矿	破坏土地资源和植物资源、加剧水土流失，采煤塌陷引起山地、丘陵发生山体滑落或泥石流
	东川区铜矿区	铜矿	占用土地资源、污染地下水
	会泽县铅锌矿区	铅矿、锌矿	占用土地资源、污染地下水
	大理白族自治州祥云县煤炭集中开采区	煤矿	破坏土地资源和植物资源、加剧水土流失，采煤塌陷引起山地、丘陵发生山体滑落或泥石流

地区	矿区	矿种	问题
云南省	曲靖市师宗县煤炭集中开采区	煤矿	破坏土地资源和植物资源、加剧水土流失，采煤塌陷引起山地、丘陵发生山体滑落或泥石流
	弥勒市煤炭集中开采区	煤矿	破坏土地资源和植物资源、加剧水土流失，采煤塌陷引起山地、丘陵发生山体滑落或泥石流
	开远市小龙潭煤矿区	煤矿	破坏土地资源和植物资源、加剧水土流失，采煤塌陷引起山地、丘陵发生山体滑落或泥石流
	临沧市煤矿	煤矿	破坏土地资源和植物资源、加剧水土流失，采煤塌陷引起山地、丘陵发生山体滑落或泥石流
	元江—墨江金矿	金矿	占用土地资源、污染地下水
四川省	阿坝县四洼煤矿矿山	煤矿	破坏土地资源和植物资源、加剧水土流失，采煤塌陷引起山地、丘陵发生山体滑落或泥石流
	南江县桃园花岗石矿	建材	破坏土地资源和植物资源
	成都市出江煤矿	煤矿	破坏土地资源和植物资源、加剧水土流失，采煤塌陷引起山地、丘陵发生山体滑落或泥石流
	达州市渠江陈家沟煤矿	煤矿	破坏土地资源和植物资源、加剧水土流失，采煤塌陷引起山地、丘陵发生山体滑落或泥石流
	白玉县东达沟金矿	金矿	占用土地资源、污染地下水
	理塘县德格沟金矿	金矿	占用土地资源、污染地下水
重庆市	缙云山—青木关片区煤炭矿区	煤矿	破坏土地资源和植物资源、加剧水土流失，采煤塌陷引起山地、丘陵发生山体滑落或泥石流
	渝北区复兴—兴隆片区煤矿	煤矿	破坏土地资源和植物资源、加剧水土流失，采煤塌陷引起山地、丘陵发生山体滑落或泥石流
	秀山土家族苗族自治县鸡公岭笔架山溶溪锰矿区	锰矿	造成土壤污染、形成酸性土壤、污染地下水
	城口县锰矿区	锰矿	造成土壤污染、形成酸性土壤、污染地下水
	北碚区天府—中梁山建材矿	建材	破坏土地资源和植物资源
	何埂镇—朱杨镇建材矿	建材	破坏土地资源和植物资源
	奉节县煤矿区	煤矿	破坏土地资源和植物资源、加剧水土流失，采煤塌陷引起山地、丘陵发生山体滑落或泥石流
	永川区黄瓜山片区煤炭	煤矿	破坏土地资源和植物资源、加剧水土流失，采煤塌陷引起山地、丘陵发生山体滑落或泥石流
	长寿区明月山煤矿	煤矿	破坏土地资源和植物资源、加剧水土流失，采煤塌陷引起山地、丘陵发生山体滑落或泥石流
	开州区煤矿区	煤矿	破坏土地资源和植物资源、加剧水土流失，采煤塌陷引起山地、丘陵发生山体滑落或泥石流

地区	矿区	矿种	问题
重庆市	歌乐山建材矿	建材	破坏土地资源和植物资源
	华岩至小南海片区建材矿	建材	破坏土地资源和植物资源
	铜梁区、大足区锶煤矿区	煤矿	破坏土地资源和植物资源、加剧水土流失,采煤塌陷引起山地、丘陵发生山体滑落或泥石流
	黔江区城区建材矿	建材	破坏土地资源和植物资源
湖南省	北湖区—桂阳县石墨矿区	石墨	占用土地资源、污染地下水
	冷水江锡矿山锑矿区	锑矿	破坏土地资源、污染土壤和地下水
	常宁县有色、贵金属矿区	有色金属	造成土壤污染、形成酸性土壤、污染地下水
	零陵区珠山锰矿区	锰矿	造成土壤污染、形成酸性土壤、污染地下水
	湘潭县谭家山煤矿区	煤矿	破坏土地资源和植物资源、加剧水土流失,采煤塌陷引起山地、丘陵发生山体滑落或泥石流
	湘潭县响塘锰矿区	锰矿	造成土壤污染、形成酸性土壤、污染地下水
	双清区短陂桥煤矿区	煤矿	破坏土地资源和植物资源、加剧水土流失,采煤塌陷引起山地、丘陵发生山体滑落或泥石流
	邵东县两市镇石膏矿区	石膏	造成土壤污染、形成酸性土壤、污染地下水
	花垣县民乐锰矿区	锰矿	造成土壤污染、形成酸性土壤、污染地下水
	恩口村煤矿区	煤矿	破坏土地资源和植物资源、加剧水土流失,采煤塌陷引起山地、丘陵发生山体滑落或泥石流
	石门县石膏矿区	石膏	造成土壤污染、形成酸性土壤、污染地下水
	湘潭县—衡南县龙口石膏矿区	石膏	造成土壤污染、形成酸性土壤、污染地下水
	宁乡市—赫山区煤炭坝煤矿区	煤矿	破坏土地资源和植物资源、加剧水土流失,采煤塌陷引起山地、丘陵发生山体滑落或泥石流
	永兴县马田煤矿区	煤矿	破坏土地资源和植物资源、加剧水土流失,采煤塌陷引起山地、丘陵发生山体滑落或泥石流
湖北省	鄂东南黄石镇、大冶市、阳新县、鄂州市等地煤矿、铜矿、铁矿、金矿矿山	煤矿、铜矿、铁矿、金矿	山体滑坡、地面塌陷、占用与破坏土地、土壤污染、水均衡破坏、地表水污染、地下水污染
	鄂中应城市—云梦县、大悟县、钟祥市、荆门市等地石膏、岩盐、磷矿、煤矿矿山	石膏、岩盐、磷矿、煤矿	地面塌陷、地面沉降、水均衡破坏
	鄂西地区、鄂西南地区、鄂西北地区宜昌市、恩施土家族苗族自治州、十堰市、襄阳市等地磷矿、煤矿、金矿、硫铁矿	磷矿、煤矿、金矿、硫铁矿	崩塌、滑坡、泥石流、地面塌陷、占用与破坏土地、土壤污染、水均衡破坏、地表水污染

地区	矿区	矿种	问题
江西省	九江市城门—瑞昌市码头多金属、建材矿区	金属、建材	水土流失、植被破坏、对土壤造成放射性污染、破坏地下水资源
	星子县白鹿镇—德安县吴山乡多金属、建材矿区	金属、建材	水土流失、植被破坏、对土壤造成放射性污染、破坏地下水资源
	乐平市涌山镇—浯口镇能源、多金属、建材矿区	金属、建材	水土流失、植被破坏、对土壤造成放射性污染、破坏地下水资源
	万年县珠田乡—大源镇贵金属、建材矿区	金属、建材	水土流失、植被破坏、对土壤造成放射性污染、破坏地下水资源
	东乡区虎圩乡—王桥镇多金属、建材矿区	金属、建材	水土流失、植被破坏、对土壤造成放射性污染、破坏地下水资源
	安福县浒坑镇—新余市良山镇多金属、建材矿区	金属、建材	水土流失、植被破坏、对土壤造成放射性污染、破坏地下水资源
	永新县高溪乡—在中乡黑色金属、建材矿区	铁矿、建材	水土流失、植被破坏、对土壤造成放射性污染、破坏地下水资源
	吉水县乌江镇—白水镇黑色金属、建材矿区	铁矿、建材	水土流失、植被破坏、对土壤造成放射性污染、破坏地下水资源
	宁都县大沽乡—东山坝镇稀土矿区	稀土	污染土壤和地下水资源
	兴国县鼎龙乡稀土矿区	稀土	污染土壤和地下水资源
	兴国县兴江乡—宁都县青塘镇有色金属、稀土、建材矿区	有色金属、稀土、建材	水土流失、植被破坏、对土壤造成放射性污染、破坏地下水资源
	兴国县杰村乡稀土、多金属矿区	稀土、金属	水土流失、植被破坏、对土壤造成放射性污染、破坏地下水资源
	于都县银坑镇多金属、稀土矿区	金属、建材	水土流失、植被破坏、对土壤造成放射性污染、破坏地下水资源
	南康坪市—大坪乡稀土、建材矿区	稀土、建材	水土流失、植被破坏、对土壤造成放射性污染、破坏地下水资源
	赣县区田村镇—于都县罗江乡稀土、建材矿区	稀土、建材	水土流失、植被破坏、对土壤造成放射性污染、破坏地下水资源
	上犹县营前镇稀土、有色金属矿区	稀土、有色金属	水土流失、植被破坏、对土壤造成放射性污染、破坏地下水资源
	上犹县城稀土、多金属矿区	稀土、金属	水土流失、植被破坏、对土壤造成放射性污染、破坏地下水资源
	于都县黄磷乡稀土矿区	稀土	污染土壤和地下水资源
	南康区龙回镇—蔡脚下稀土矿区	稀土	污染土壤和地下水资源
	大余县足洞—崇义县长龙镇多金属、稀土矿区	稀土、金属	水土流失、植被破坏、对土壤造成放射性污染、破坏地下水资源

地区	矿区	矿种	问题
江西省	信丰县古陂镇—赣县区韩坊镇稀土矿区	稀土	污染土壤和地下水资源
	安远县新龙乡—车头村稀土矿区	稀土	污染土壤和地下水资源
	信丰县安西镇—定南县天九镇稀土、多金属矿区	稀土、金属	水土流失、植被破坏、对土壤造成放射性污染、破坏地下水资源
	全南县陂头镇—龙源坝镇稀土矿区	稀土	污染土壤和地下水资源
	寻乌县南桥镇稀土矿区	稀土	污染土壤和地下水资源
	全南县大吉山稀土、有色金属矿区	稀土、有色金属	水土流失、植被破坏、对土壤造成放射性污染、破坏地下水资源
安徽省	淮北煤矿区	煤矿	破坏土地资源和植物资源、加剧水土流失，采煤塌陷引起山地、丘陵发生山体滑落或泥石流
	淮南煤矿区	煤矿	破坏土地资源和植物资源、加剧水土流失，采煤塌陷引起山地、丘陵发生山体滑落或泥石流
	滁州市—巢湖市—安庆市矿区	铜、铁、水泥建材	破坏土地资源和植物资源、加剧水土流失，重金属污染土壤和地下水
	铜陵市—马鞍山市—池州市矿区	铁、铜、水泥建材	破坏土地资源和植物资源、加剧水土流失，重金属污染土壤和地下水
浙江省	萧山区—富阳区—余杭区矿区	建材	破坏土地资源和植物资源
	德清县—长兴县—安吉县矿区	建材	破坏土地资源和植物资源
	黄岩区—临海市—椒江区矿区	建材	破坏土地资源和植物资源
	兰溪市—婺城区—武义县矿区	建材	破坏土地资源和植物资源
江苏省	徐州市采煤塌陷区	煤矿	破坏土地资源和植物资源、加剧水土流失，采煤塌陷引起山地、丘陵发生山体滑落或泥石流
上海市	无	无	无

一、矿区、矿业园区水土污染依旧突出

1. 矿业开发依然存在废水排放情况，流域水质状况不容乐观

矿山开发过程中产生的废水不合理排放是长江经济带矿产资源开发造成水污染的

重要原因之一，尤其是有色金属矿山的选矿、排放的废水向地下水渗透等。矿山生产排水时间长、排水源分散、废水排放量大，排出的重金属离子对水体和水中生物危害严重。随着水循环和水体自净过程，污染物扩散的范围变大，表现为由点及面、由浅到深的趋势，流域水质状况不容乐观。

据统计，2016 年长江经济带 11 省（直辖市）及青海省矿山废水排放量约 13 亿吨，全国占比约为 41.2%，其中，矿坑废水 7.29 亿吨、选矿废水 4.52 亿吨、堆浸废水 0.93 亿吨。区域内各省（直辖市）废水排放强度差异明显：上中游地区排放量偏大；云南省、贵州省、湖南省、湖北省等地区废水排放量占整个长江经济带区域总排放量的 50% 以上，是长江经济带水污染防治的重点区域（表 3-2）。

表 3-2　2016 年长江经济带 11 省（直辖市）及青海省矿山废水年排放量统计[①]

单位：万吨

地区	矿坑废水	选矿废水	堆浸废水	其他	合计
浙江省	1 868.55	2 383.95	758.85	0	5 011.35
江苏省	3 231	3 069.6	9.15	1 207.5	7 517.25
安徽省	7 457.85	3 105.15	10.05	0	10 573.05
江西省	3 401.25	4 309.35	2 154	0	9 864.6
湖北省	7 378.05	4 819.2	265.5	0	12 462.75
湖南省	6 324	5 008.5	1 244.25	64.65	12 641.4
重庆市	2 718.75	989.7	1 626.9	0	5 335.35
四川省	6 587.1	2 462.1	1 256.55	1 156.8	11 462.55
贵州省	13 782.6	8 889	3	0	22 674.6
云南省	19 392.45	9 833.1	1 836.6	0	31 062.15
青海省	781.95	333.6	179.4	0	1 294.95
上海市	0	0	0	0	0
合计	72 923.55	45 203.25	9 344.25	2 428.95	129 900

能源、金属、非金属三大类矿产中，能源矿产废水年产出量约占 54%，金属矿产废水年产出量约占 39%，非金属矿产废水年产出量约占 7%，其中，能源矿产的废水年产出量最多（图 3-1）。

---

① 本书中数据由于四舍五入，存在各项数据加合不等于"合计"项的现象，特此说明。

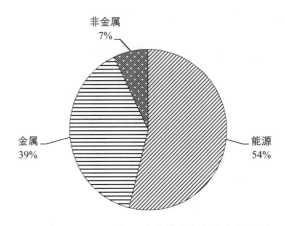

图 3-1　2016 年三大矿类废水年产出量比例

（1）矿山开采对地表水的影响

矿产资源开发利用过程中排放的各种废水直接影响区域内地表水环境质量。矿山废水以选矿废水、尾矿库排水及淋溶水为主。其中，选矿废水中含有大量氟离子，如果将其直接排放，将导致地表水体污染，影响居民生活环境；金属矿山尾矿库排水及淋溶水可能含有毒有害元素（如铜、铅、锌等重金属），若直接排放将导致地表水体受污染，毒害水生生物，最终通过食物链传递而影响人类健康。酸碱污染物主要来源于选矿厂的选矿药剂。酸碱废水排入水体中，使得水体酸碱值变化，这将会抑制细菌和微生物的生长，影响水体自净功能，破坏水体平衡和生态环境。此外，矿山废水池和尾矿库中植物腐烂产生大量腐植质，将会增加废水中的有机成分而使得水生生物减少；含油废水使得土壤结构受到破坏，水面油膜将阻碍大气与水体中的氧气转移，易造成水生生物缺氧死亡。

长江经济带 11 省（直辖市）及青海省 2016 年地表水达标率整体较稳定，上中游水质明显优于下游水质，如表 3-3、图 3-2 所示。Ⅰ～Ⅲ类水质占比达 78%，Ⅳ类占比 15%，水质整体较优良。其中安徽省水质达标率较低，且区域内Ⅳ～劣Ⅴ类水质占比较多，淮北煤矿区、淮南煤矿区、铜陵市—马鞍山市—池州市矿区、霍邱县铁矿区、庐江县铁-铜-石灰岩矿区、巢湖市—全椒县非金属矿区等地，水体污染较为严重。此外，太湖流域地表水污染较严重，水质达标率较低，且出现了Ⅳ～劣Ⅴ类水质。目前，太湖流域内氮、磷指标较高使得水体富营养化问题较为突出，地表水质受影响较大。

表 3-3　2016 年长江经济带 11 省（直辖市）及青海省地表水水质情况

地区		Ⅰ类	Ⅱ类	Ⅲ类	Ⅳ类	Ⅴ类	劣Ⅴ类
青海省	长江流域	100%					
	黄河流域		83.30%		16.70%		
	澜沧江	100%					
	内流河		80%	20%			
贵州省	长江流域		100%				
	珠江流域		75%	25%			
云南省	长江流域		81.70%			18.30%	
	珠江流域		72.80%			27.2%	
	红河		82%			18.00%	
	澜沧江		88.50%			11.50%	
	怒江		93.10%			6.90%	
	伊洛瓦底江		100%				
四川省	长江流域	100%					
	金沙江	100%					
	嘉陵江		93%			7%	
	岷江		53.60%			46.40%	
	沱江		18.40%			81.60%	
重庆市	长江流域	100%					
	嘉陵江	100%					
	乌江		81.50%			18.50%	
湖南省	湘江		100%				
	资江		100%				
	沅江		100%				
	澧水		100%				
湖北省	长江流域		90%			10%	
	汉江		86%			14%	
江西省	赣江		91%			9%	
	长江流域		92%			8%	

地区		I 类	II 类	III 类	IV 类	V 类	劣 V 类
安徽省	长江流域	69.40%		17.20%	3.20%		10.20%
	淮河流域		37.30%	38.30%	16.20%		8.20%
	新安江流域	95%			5%		
浙江省	钱塘江	87.20%			12.80%		
	曹娥江	100%					
	甬江	64.30%			35.70%		
	椒江	81.80%			18.2%		
	瓯江	100%					
	飞云江	100%					
	鳌江	25%			75%		
	苕溪	100%					
	京杭运河			14.30%	57.10%	28.60%	
	太湖流域	45.50%			43.20%	11.30%	
江苏省	长江流域	85%			15%		
	淮河流域	72.40%			27.60%		
	太湖流域	48.20%			49.40%		2.40%
上海市	长江流域			43.20%	56.80%		
	太湖流域			24.70%	23.10%	10%	42.20%

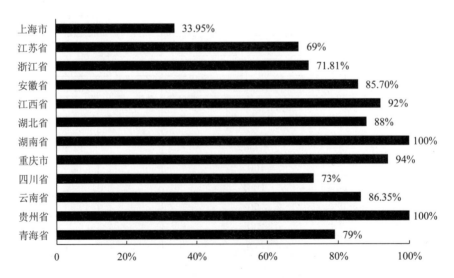

图 3-2　2016 年长江经济带 11 省（直辖市）及青海省地表水水质达到或优于 III 类标准的

断面数百分比状况

（2）矿山开采对地下水的影响

矿产资源开发利用过程中，会对矿床进行疏干排水。长期的抽排水会导致地下水水位降低，甚至形成降落漏斗区，使得地下水径流系统受到破坏，从而导致地面沉降、地面塌陷、周边井泉枯竭、水库蓄水能力减弱等问题。此外，地层破坏会造成水循环加速，导致水体中含高浓度的重金属离子和氟离子，可能对矿区周边环境形成新的污染。

矿产开采会对地下水水质造成不同程度的影响。矿石堆场以颗粒物和粉尘形式通过降雨进入地表水体，使水体浑浊，清洁度降低，同时部分有害杂质遇水溶解，污染地表水及浅层地下水，降低水质，水中的重金属离子及氟离子含量、酸根离子含量、水的硬度及矿化度增高，进而对人体健康、农作物产生不利影响。特别是硫化物矿床的开采过程。在水溶过程中，含盐水溶液沿地层疏松部位如裂隙、节理、孔隙发育地段向周边扩散，使局部地下水的硝酸根离子、硝酸亚根离子、硫酸根离子、水硬度及矿化度指标逐步增高，水质受到一定程度的影响。在萤石矿床的开采过程中，选矿堆场淋溶作用下渗或地下开采裂隙水的淋溶作用，导致水体含有大量的氟离子，这将对地下水水质产生较大影响。

总体而言，目前长江经济带各类矿山废水排放的总量依然较大，对流域水环境造成了极大的影响。在各类水环境污染中，由矿产资源开发引起的地下水污染最为显著，且大部分为长期且不可逆影响。长江经济带11省（直辖市）及青海省水污染影响因子识别如表3-4所示。

表3-4　长江经济带11省（直辖市）及青海省水污染影响因子识别

地区	地表水污染	地下水污染	地下水资源枯竭	水源地、水库污染
青海省	△★◇	▲★◆	—	—
贵州省	▲☆◇	▲★◆	▲★◆	▲★◆
云南省	▲★◇	▲★◇	—	—
四川省	△☆◇	▲★◇	—	—
重庆市	△☆◇	▲★◆	▲★◆	▲☆◇
湖南省	▲☆◇	▲★◆	▲★◆	▲★◇

地区	地表水污染	地下水污染	地下水资源枯竭	水源地、水库污染
湖北省	▲☆◇	▲★◆	▲★◆	▲★◇
江西省	—	—	—	—
安徽省	▲☆◇	▲★◆	▲★◆	▲★◇
浙江省	△☆◇	△☆◆	△☆◆	△☆◇
江苏省	▲☆◇	▲★◆	▲★◆	▲★◇
上海市	▲☆◇	△☆◆	▲☆◆	△☆◇

注：①影响程度：▲显著，△轻微；
②影响时效：★长期，☆短期；
③影响类别：◆不可逆，◇可逆。

2. 矿山固体废物产出量高，污染流域土壤

矿山固体废物主要包括煤矸石、露天矿剥离物、尾矿等。固体废物会对土壤和水资源造成严重污染。一些含有害化学元素的废渣会在降水的浸润作用下导致地表水、地下水和耕地等受到污染；废石、尾砂及粉尘长期堆放会在外界因素作用下逐渐分解，使得一些含有害元素的化合物进入地表及地下水中；矿山中大量含硫化物和多种重金属的废岩、废渣和尾矿在雨水的淋溶作用下，会产生酸性废水污染地表和土壤，或下渗污染地下水。不同类型的尾矿对水环境的影响差异较大，这在一定程度上与尾矿坝的物质成分相关，如果不对尾矿坝采取相应的防渗措施，将会对水体和土壤产生较大影响。

长江经济带 11 省（直辖市）及青海省固体废物多年累积积存量高达 554 717.73 万吨，其中以废石（土）和尾矿为主。2015 年，长江经济带 11 省（直辖市）及青海省矿产资源开发总固体废物量约为 62 871.27 万吨，其中，尾矿约产出 22 485.00 万吨，废石（土）约产出 34 433.45 万吨，煤矸石约产出 5 691.02 万吨，粉煤灰约产出 211.19 万吨，其他各类产出 50.61 万吨（表 3-5）。固体废物中以尾矿和废石（土）为主，其中尾矿年产出量占固体废物年产出量的 36%，废石（土）占固体废物年产出量的 55%，煤矸石占固体废物年产出量的 9%，粉煤灰占固体废物年产出量的 0.04%，长江经济带 11 省（直辖市）及青海省主要矿山固体废物年产出量各省（直辖市）分布见表 3-6。上游地区的 5 省（直辖市）固体废物产出总量为 29 466.7 万吨，占长江经济带整体产出量的 46.86%，其中尾矿 10 863.95 万吨，废石 15 566.6 万吨，煤矸石 2 815.83 万吨。

表 3-5 2015 年长江经济带 11 省（直辖市）及青海省固体废物产出累积积存量统计

单位：万吨

	矿类	能源矿山	金属矿山	非金属矿山	合计
年产出量	尾矿	2 376.83	16 549.79	3 558.38	22 485.00
	废石（土）	4 375.59	25 873.74	4 184.12	34 433.45
	煤矸石	5 629.24	0	61.78	5 691.02
	粉煤灰	201.45	0	9.74	211.19
	其他	18.53	27.46	4.62	50.61
	合计	12 601.64	42 450.99	7 818.64	62 871.27
累计积存量	尾矿	45 982.59	139 742.95	14 028.44	198 753.98
	废石（土）	92 984.85	137 612.43	26 372.42	258 715.54
	煤矸石	77 804.74	0	523.99	77 628.73
	粉煤灰	19 466.84	0	114.03	19 535.03
	其他	23.67	34.26	26.52	84.45
	合计	236 262.69	277 389.64	41 065.4	554 717.73

表 3-6 2015 年长江经济带 11 省（直辖市）及青海省矿山固体废物年产出量

单位：万吨

地区	尾矿	废石	煤矸石	粉煤灰	其他	固体废物年产出量
上海市	0	0	0	0	0	0
江苏省	233.8	486.74	206.38	2.36	1.1	930.38
浙江省	1 642.67	2 815.21	210.42	9.7	0	4 678
安徽省	2 314.32	3 324.12	542.21	49.1	3	6 232.75
江西省	4 642.54	7 386.39	832.67	20.92	0	12 882.52
湖北省	1 886.46	2 033.81	230.94	36.96	0	4 188.17
湖南省	901.26	2 728.33	852.57	10.45	0	4 492.61
重庆市	150.92	521.85	1 192.7	25.66	45.9	1 937.03
四川省	4 832.34	6 362.43	1 098.48	22.48	0	12 315.73
贵州省	2 845.86	3 753.39	358.6	32.9	0	6 990.75
云南省	1 774.04	3 947.53	146.77	0	0.61	5 868.95
青海省	1 260.79	981.44	19.28	0.66	0	2 262.17
总计	22485	34 341.24	5 691.02	211.19	50.61	62 779.06

长江经济带 11 省（直辖市）及青海省因矿产资源开发导致的固体废物排放问题突出。从矿种分类来看，固体废物年产出量以金属矿山产出最多，达 42 450.99 万吨，占比约为 68%；非金属矿山排放达 7 818.64 万吨，占比约为 12%；能源矿山排放达 1.26 万吨，占比约为 20%。从固体废物积存量来看，金属矿山达 277 389.64 万吨，占比约为 50%；非金属矿山达 41 065.4 万吨，占比约为 7%；能源矿山达 236 262.69 万吨，占比约为 43%（图 3-3、图 3-4）。

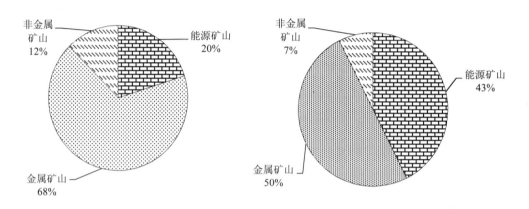

图 3-3　三大类矿山固体废物产出量占比　　图 3-4　三大类矿山固体废物积存量占比

从各省（直辖市）数据来看，长江中上游地区的固体废物年产出量较高，如 2015 年江西省、安徽省、贵州省、四川省固体废物产出量均超过 5 000 万吨。尾矿库最小安全限高超标，容易造成排水系统堵塞、坝体滑动等；坝体安全系数达不到要求，容易产生裂缝、管涌、渗水等危害，严重危及矿区人民健康安全以及长江流域水质安全。

综上所述，长江经济带 11 省（直辖市）及青海省矿山固体废物的存量较大，年增量依然可观。废渣中的有害化学元素会通过降雨浸润污染地表水、地下水和土壤。

3. 有色金属采选持续高强度排放，流域重金属污染具有累积性

金属矿山开采冶炼、化学工业污染、重金属农药和化肥施用等会造成土壤重金属污染，其中，有色金属矿业采矿、选矿、冶炼过程中排放的含重金属的废气、废水、废渣

等通过溶蚀扩散至土壤是导致土壤重金属污染的主要原因。

矿业活动会加剧矿山周边及下游江河沿岸土壤的重金属含量，且土壤重金属污染表现出流域性或典型区域性的分布特征。土壤重金属污染类型多种多样，主要以镉、砷、铅、铜、铬等重金属污染为主；不同区域间因重金属来源不同而具有一定差异，但基本以镉-铜、砷-铅-铬等多种重金属元素的复合污染为主。总体而言，城市、郊区、农村、矿区及周边流域的土壤重金属污染类型不断增加，污染面积逐渐扩大，污染程度进一步加深，整个长江经济带11省（直辖市）及青海省的土壤环境质量状况亟须提升。

相关研究表明，矿产资源开发导致近岸水域沉降物中部分污染化学元素含量水平较高，使水质受到了不同程度的污染。监测数据表明：①沉降物中悬浮物污染明显重于沉积物，其中，悬浮物中12种元素平均污染率为66.2%；②悬浮物中元素污染程度排名：锌＞铅＞镉＞铜＞镍＞砷＞钴＞钒＞钛＞铬＞铁＞锰。通过比较长江经济带11省（直辖市）及青海省的21个沿江主要城市的污染状况，可以得出大城市污染程度比小城市更严重，其污染状况按照程度由重到轻排名：攀枝花市＞宜昌市＞南京市＞武汉市＞上海市＞重庆市＞芜湖市＞涪陵区＞镇江市＞马鞍山市＞九江市＞泸州市＞鄂州市＞黄石市＞南通市＞宜宾市＞安庆市＞沙市区＞万州区＞铜陵市＞岳阳市，其中，攀枝花、宜昌、南京、武汉、上海、重庆6个城市累计污染百分率为65%，攀枝花市江段亲石元素锌、钒、钛、钴等含量最高，悬浮物中有8种元素，沉积物中有5种元素属于严重污染级别，污染严重程度为全江之首。综上所述，长江水系表层沉积物中重金属除钴、镍、汞之外，铬、铜、铅、锌、镉、砷的平均值均超背景值，且铜、铅、锌、镉、砷呈现累积趋势。

2016年，长江经济带11省（直辖市）及青海省有色金属采选的重金属排放量总计323.87千克，其中，镉22.27千克，占重金属排放量的6.97%；铅47.32千克，占重金属排放量的14.61%；砷253.36千克，占重金属排放量的78.22%；汞约900毫克，占比不足1%。长江经济带11省（直辖市）及青海省重金属污染情况详见图3-5、表3-7。

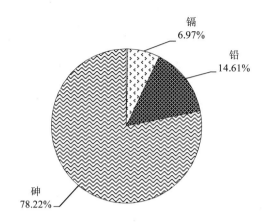

图 3-5 2016 年长江经济带 11 省（直辖市）及青海省重金属污染比例

表 3-7 2016 年长江经济带 11 省（直辖市）及青海省重金属污染一览表

单位：千克

地区	污染物	金属矿种							合计
		铜	锡	锑	铝	钼	钨	镍	
安徽省	汞	0.063	0	0	0	0	0	0	0.063
	镉	0.188	0	0	0	0	0	0	0.188
	铅	0.564	0	0	0	0	0	0	0.564
	砷	33.382	0	0	0	0	0	0	33.382
贵州省	汞	0.001	0	0	0.300	0	0	0	0.301
	镉	0.003	0	0.008	1.669	0	0	0	1.680
	铅	0.008	0	0.008	19.691	0	0	0	19.707
	砷	0.473	0	0.296	15.352	0	0	0	16.121
湖北省	汞	0.038	0	0	0	0	0	0	0.038
	镉	0.113	0	0	0	0	0	0	0.113
	铅	0.338	0	0	0	0	0	0	0.338
	砷	20.000	0	0	0	0	0	0	20.000
湖南省	汞	0.004	0.004	0.004	0	0	0.018	0	0.029
	镉	0.013	0.090	0.139	0	0	4.663	0	4.905
	铅	0.038	0.231	0.139	0	0	2.277	0	2.684
	砷	2.246	3.026	5.200	0	0	2.112	0	12.584
江苏省	汞	0.003	0	0	0	0	0	0	0.003
	镉	0.008	0	0	0	0	0	0	0.008
	铅	0.024	0	0	0	0	0	0	0.024
	砷	1.407	0	0	0	0	0	0	1.407

地区	污染物	金属矿种							合计
		铜	锡	锑	铝	钼	钨	镍	
江西省	汞	0.050	0.012	0	0	0	0.043	0	0.105
	镉	0.152	0.313	0	0	0	11.524	0	11.989
	铅	0.455	0.803	0	0	0	5.627	0	6.885
	砷	26.944	10.519	0	0	0	5.220	0	42.683
四川省	汞	0.026	0	0	0	0	0	0.001	0.027
	镉	0.079	0	0	0	0	0	0.001	0.080
	铅	0.238	0	0	0	0	0	0.002	0.240
	砷	14.066	0	0.004	0	0	0	0.019	14.089
云南省	汞	0.091	0.060	0.001	0.176	0	0	0	0.327
	镉	0.272	1.566	0.022	0.976	0	0	0	2.836
	铅	0.816	4.016	0.022	11.517	0	0	0	16.371
	砷	48.308	52.614	0.831	8.980	0	0	0	110.733
浙江省	汞	0.004	0	0	0	0	0.002	0	0.006
	镉	0.011	0.001	0.001	0	0.001	0.445	0	0.459
	铅	0.032	0.001	0.001	0	0.002	0.217	0	0.253
	砷	1.911	0.016	0.038	0	0.001	0.202	0	2.168
重庆市	汞	0	0	0	0.004	0	0	0	0.004
	镉	0	0	0	0.022	0	0	0	0.022
	铅	0	0	0	0.254	0	0	0	0.254
	砷	0	0	0	0.198	0	0	0	0.198

分区域来看（图 3-5、表 3-7），有色金属采选造成的汞污染主要集中在云南省、贵州省和江西省等地，分别为 327 毫克、301 毫克、105 毫克；镉金属污染主要集中在江西省、湖南省、云南省和贵州省等地，分别达 11.99 千克、4.91 千克、2.84 千克和 1.68 千克；铅金属污染主要集中在贵州省、云南省、江西省和湖南省等地，分别达 19.71 千克、16.37 千克、6.88 千克和 2.68 千克；砷污染主要集中在云南省、江西省、安徽省和湖北省等地，分别达 110.73 千克、42.68 千克、33.38 千克和 20.00 千克。上游地区的云南省、贵州省等省（直辖市）重金属污染严重，从污染物类型来看，上游地区以铅、砷污染为主。

综上所述，长江经济带 11 省（直辖市）及青海省有色金属开采区各类重金属的绝对年排放量并不高，但是矿区耕地中的土壤重金属污染呈现累积性特征。大型金属矿产资源开发区一般集采矿、选矿、冶炼为一体，其中，选矿、冶炼活动区是造成重金属污染的重点区域，频繁的矿业活动会导致原本水系沉积物、土壤中含量并不高的重金属元素提高数十倍甚至数万倍。长时间、多空间叠加会造成局部重金属累积非常严重。近年来，由重金属污染导致的"镉大米""重金属蔬菜"等农产品质量安全问题和群体性事件逐年增多。

各重金属污染物在各类矿区土壤中的累积效应有所不同，分矿种来看：

（1）汞是金矿区土壤超标面积最大的污染物；

（2）铅在不同矿区的影响面积排序为多金属矿区＞锡矿区＞金矿区＞铅锌矿＞铜矿区；

（3）镉、铜则表现为铅锌矿＞锡矿＞金矿＞多金属矿＞铜矿，镉在铅锌矿区最明显；

（4）土壤重金属综合污染程度排序为铅锌＞锡矿＞金矿＞多金属矿。

分区域来看，湖北省黄石市矿山环境影响严重区有 8 个，且多为侵占土地、重金属污染的区域，如大冶铁矿矿区、大冶金山店铁矿矿区、铜绿山铜铁矿矿区、灵乡铁矿矿区等。湖南省郴州市有 8 个矿山地质环境重点治理区，其中湖南省郴州市三十六湾多金属矿区、桂阳县宝山—黄沙坪有色矿区、苏仙区柿竹园、玛瑙山多金属矿区、宜章县瑶岗仙钨矿区、宜章县骑田岭有色矿区等多个环境重点治理区域涉及土壤与重金属污染。矿产资源开发所带来的土地占用、土壤与重金属污染的重点区域较多，在《长江经济带生态环境保护规划》中，明确指出了包括浙江省长兴县、鹿城区、玉环市玉环县，湖北省黄石市，湖南省株洲市清水塘、衡阳市水口山、郴州市三十六湾及周边地区、娄底市锡矿山等在内的 69 个重金属污染防控重点区域整治工程。

4. 磷矿采选的污染源高负荷排放，导致部分河段总磷超标

近年来，总磷成为长江经济带主要污染因子，总磷作为首要超标因子的断面占比为 32.5%，高于氨氮（26.2%），亦显著高于化学需氧量（1.4%）等其他水质指标占比。就空间分布而言，上游总磷污染最为严重，中游河段较轻。其中，上游流域断面总磷浓度范围为 0.001～4.680 毫克/升，总磷 Ⅰ～Ⅲ 类的断面比例为 83.40%，总磷劣 Ⅴ 类断面比例为 4.14%；中游流域总磷浓度范围为 0.003～1.680 毫克/升，总磷 Ⅰ～Ⅲ 类的断面比例为 95.84%，总磷劣 Ⅴ 类断面比例为 0.93%；下游流域总磷浓度范围为 0.004～2.450 毫克/升，总磷 Ⅰ～Ⅲ 类的断面比例为 87.37%，总磷劣 Ⅴ 类断面比例为 1.56%（图 3-6）。就断面分布而言，长江流域总磷污染最为严重，前 30 个断面中，上游占 70%，分布数量为 21 个，总磷浓度范围为 0.031～1.570 毫克/升，且多为 Ⅴ～劣 Ⅴ 类。分布如下：11 个位于四川省的沱江、岷江及涪江水系，3 个分布于云南省的金沙江水系，3 个分布于贵州省的乌江和沅江水系，2 个位于湖北省的丹江口水库支流。

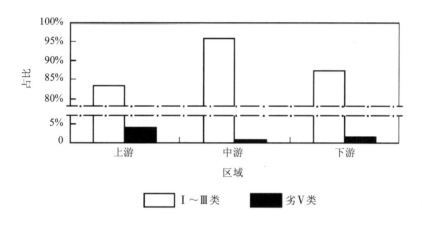

图 3-6　长江流域水质类别断面占比情况

磷矿采选废水外排、尾矿堆放是造成长江经济带部分河段水质严重超标的主要原因。长江经济带磷矿资源丰富，2016 年，区域磷矿开采量达 6 897.21 亿吨（矿石量），磷酸盐、黄磷和三聚磷酸钠等下游产品的生产能力居世界前列。另外，长江流域规模以上磷肥制造企业共 199 家，占全国规模以上磷肥制造企业的 93.42%，其中大型磷化工企业有贵州省瓮福、云南省云天化、四川省龙蟒、湖北省兴发等。

在长江上游的喀斯特地貌分布区，尾矿堆放导致地下水污染尤为严重。其中，磷矿开采产生的废岩、废渣和尾矿等在雨水淋溶作用下，形成含有多种有害元素的废水污染地表水和土壤，或通过下渗污染地下水。并且，在地质因素共同作用下的地表水与地下水交换循环过程中，水土流失量加大，若磷矿进入地表水体，可造成水体总磷浓度上升，从而污染水体。同时，考虑运输成本、企业管理等因素，磷化工等下游延伸产业一般围绕磷矿富集区布局，这导致矿区、矿业园区磷矿污染的程度更深，复杂性更强。

据统计，2016 年长江经济带 11 省（直辖市）及青海省磷矿采选的废水排放量为 6 717.99 万吨，其中湖北省磷矿开采的废水排放量为 2 233.02 万吨，占整个长江经济带的 33%左右，其次是贵州省和云南省，废水排放量分别达到 1 979.40 万吨和 1 755.91 万吨，分别占整个长江经济带的 29.47%和 26.14%。

长江上游的岷江和沱江流域有 31 家主要磷矿、磷化工企业，主要分布在沱江流域德阳市绵远河、石亭江一带，这些工业聚集区的排污口处总磷浓度高达 0.760 毫克/升，使得其下游省控断面双江桥断面总磷浓度为 0.368 毫克/升，清江桥断面 2016 年 3 月总磷浓度为 0.99 毫克/升、4 月总磷浓度为 1.47 毫克/升。

贵州省乌江流域开阳县境内的洋水河、黔南布依族苗族自治州瓮安县境内的瓮安河沿岸涉磷企业 28 家，这使得洋水河和瓮安河总磷浓度长期为劣Ⅴ类。乌江入三峡水库麻柳嘴断面总磷平均浓度为 0.270 毫克/升（近 10 年），是《地表水环境质量标准》（GB 3838—2002）Ⅲ类标准的 0.35 倍。

湖北省香溪河流域作为兴山集团的磷矿基地，平水期的香溪河回水区上游峡口镇水体总磷浓度高达 0.527 毫克/升，为劣Ⅴ类；丰水期水体总磷含量为 0.165 毫克/升，达到 GB 3838—2002 Ⅲ类标准。

据估算，长江经济带 11 省（直辖市）及青海省 2016 年磷矿采选的总磷排放量为 8 322.21 吨，其中湖北省 2 766.3 吨、四川省 904.79 吨、贵州省 2 452.11 吨、云南省 2 175.26 吨（图 3-7）。而 2016 年长江经济带 11 省（直辖市）及青海省重点污染源的总磷排放量约 24 万吨，磷矿采选的总磷排放量仅占总量的 3%左右，对流域总磷排放的贡献率较小。

总体而言，长江流域总磷超标是由于城镇生活污染、畜禽养殖、区域高磷地质背景、磷矿及下游化工企业排放等多种原因造成的，长江经济带 11 省（直辖市）及青海省矿业园区的污染源是下游磷化工行业产生的磷石膏，磷矿采选对流域总磷超标的贡献率相对较小。

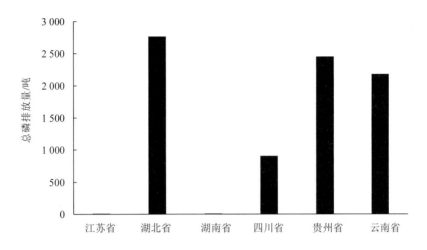

图 3-7　2016 年长江经济带部分省磷矿采选的总磷排放量

二、矿区生态系统破坏，挤占生态空间

1. 矿区与自然保护区重叠，矿业开发挤压生态空间

矿产资源作为自然资源的一种，是矿物质经过地质作用聚集形成，一些具有找矿潜力的大型成矿带与自然资源保护区的划定范围存在空间上的重叠。受资源禀赋、成矿条件、管理水平等因素影响，长江经济带及长江源头地区在矿产资源开发过程中，部分矿业权（探矿权和采矿权）设置不合理，部分矿区与自然保护区存在明显的重叠现象，矿业开发活动挤占生态空间，在对自然保护区内的矿产资源项目进行开发时，缺乏合理的保护，过度开发导致保护区受到威胁甚至被破坏。

总体来看，长江经济带 11 省（直辖市）及青海省共有各类自然保护区 1 087 个，占地面积 20.69 万千米^2，其中，长江中上游地区自然保护区数量达 917 个（占比 84.4%）；森林公园共有 773 个，长江中上游地区有 555 个（占比 71.8%）；风景名胜区 594 个，长江中上游地区 419 个（占比 70.52%）；地质公园 200 个，中上游地区 173 个（占比

86.5%）（表 3-8）。

表 3-8　长江经济带 11 省（直辖市）及青海省主要重点生态功能区分布

单位：个

地区	自然保护区	森林公园	风景名胜区	地质公园
上海市	4	0	0	0
江苏省	30	43	75	4
浙江省	32	109	59	7
安徽省	104	66	41	16
江西省	200	17	40	11
湖北省	65	94	35	29
湖南省	129	62	71	15
重庆市	57	88	36	9
四川省	167	96	93	58
贵州省	129	47	67	12
云南省	159	73	46	17
青海省	11	78	31	22
总计	1 087	773	594	200

从探矿权的设置来看，国家设置的国家级矿产资源整装勘查区与自然保护区在空间分布上存在一定的重叠，矿产资源勘查活动对自然保护区生态环境的潜在胁迫依旧较大。据统计，长江经济带 11 省（直辖市）及青海省自然保护区面积 28.62 万千米^2（表 3-9），共有探矿权 1 306 个，涉及的探矿权面积 14.29 万千米^2，探矿权面积占自然保护区面积比重为 49.93%，其中，与自然保护区存在明显重叠现象的探矿权有 439 个，涉及矿种 57 种，重叠面积达 3.01 万千米^2，占矿区面积比重为 21.08%（表 3-10）。可见，矿产资源勘查活动与生态环境保护的矛盾依旧突出，亟须优化矿产资源勘查布局，提高勘查技术，最大限度地降低生态环境影响。

从采矿权的设置来看，国家包括各级国土部门设置的采矿权仍然有部分位于自然保护区内，保护区内的大规模、高强度的矿产资源开发活动对流域生态环境保护造成极大压力。据统计，长江经济带 11 省（直辖市）及青海省采矿权面积 3.02 万千米^2，其中，与自然保护区重叠的面积为 0.67 万千米^2，与矿区重叠的面积占比 22.33%（表 3-9、表 3-10）。采矿活动在自然保护区内的布局严重影响了区域生态安全保障能力，亟须加快建立自然保护区矿业权，尤其采矿权的退出机制，避免和减弱对自然生态的高强度影响。

表 3-9　长江经济带 11 省（直辖市）及青海省矿业权重叠面积占自然保护区面积比重

地区	自然保护区总面积/千米^2	采矿权重叠面积/千米^2	采矿权重叠面积占比/%	探矿权重叠面积/千米^2	探矿权重叠面积占比/%
上海市	963	0	0	0	0
江苏省	25 633	185.06	0.72	1 286.61	5.02
浙江省	14 433	253.60	1.76	1 508.43	10.45
安徽省	17 900	515.05	2.88	1 239.10	6.92
江西省	12 598	678.78	5.39	1 507.42	11.97
湖北省	12 303	487.62	3.96	2 983.27	24.25
湖南省	12 852	681.76	5.30	3 941.51	30.67
重庆市	17 498	402.05	2.30	2 007.46	13.77
四川省	82 900	863.93	1.04	3 985.25	5.85
云南省	22 460	962.64	4.29	2 874.14	12.80
贵州省	28 600	953.85	3.34	3 175.37	11.10
青海省	38 100	765.23	2.01	5 639.64	14.80
总计	286 240	6 749.57	2.36	30 148.20	10.53

表 3-10　长江经济带 11 省（直辖市）及青海省矿业权重叠面积占矿区面积比重

地区	探矿权面积/千米^2	探矿权重叠面积/千米^2	占比/%	采矿权面积/千米^2	采矿权重叠面积/千米^2	占比/%
上海市	75	0	0	12	0	0
江苏省	3 844	1 286.61	33.47	679	185.06	27.25
浙江省	4 963	1 508.43	30.39	897	253.6	28.27
安徽省	14 725	1 239.10	8.41	2 601	515.05	19.80
江西省	11 590	1 507.42	13.01	3 036	678.78	22.36

地区	探矿权面积/千米²	探矿权重叠面积/千米²	占比/%	采矿权面积/千米²	采矿权重叠面积/千米²	占比/%
湖北省	6 721	2 983.27	44.39	1 511	487.62	32.27
湖南省	10 544	3 941.51	37.38	2 081	681.76	32.76
重庆市	6 040	2 007.46	33.24	1 573	402.05	25.56
四川省	22 901	3 985.25	17.40	3 310	863.93	26.10
云南省	8 790	2 874.14	32.70	2 866	962.64	33.59
贵州省	6 853	3 175.37	46.34	2 535	953.85	37.63
青海省	45 939	5 639.64	12.28	9 127	765.23	8.38
总计	142 985	30 148.20	21.08	30 228	6 749.57	22.33

共有 7 个国家重点生态功能区和 145 个国家级自然保护区分布在长江经济带 11 省（直辖市）及青海省，其中，水土保持重点生态功能区 3 个（大别山水土保持生态功能区、桂黔滇喀斯特石漠化防治生态功能区、三峡库区水土保持生态功能区），功能区内共有 634 个矿产开发点；生物多样性维护重点生态功能区 4 个（秦巴生物多样性生态功能区、武陵山区生物多样性与水土保持生态功能区、川滇森林及生物多样性生态功能区、南岭山地森林及生物多样性生态功能区），功能区内共有 1 749 个矿产开发点。这些矿产开发点主要集中在中上游的川、滇、渝、鄂、湘和赣等地。

2. 矿业开发占用土地、破坏湿地，导致部分矿区水土流失

在矿山的开采活动中，需要占用一定面积的土地用于修建矿山公路、料场以及生活设施，以维持开采活动的稳步进行。长江经济带矿产资源开发过程中占用、破坏土地现象严重，导致矿区水土流失。

（1）矿产资源开发的土地占用情况

不同类型的矿山表现出的占用和破坏土地资源的类型不同（表 3-11），能源矿山主要表现为占用与破坏荒地、草地及部分林地；金属矿山主要表现为占用及破坏林地和耕地；非金属矿山主要表现为地面塌陷区、地面沉降区、露采区等占用及破坏耕地和林地。

表 3-11　各矿山种类的土地破坏类型

矿山种类	破坏区域
能源矿山（煤）	荒地、草地及部分林地
金属矿山（铜、铁、金、银等）	林地、耕地
非金属矿山（磷、岩盐、建材等）	耕地、林地

长江经济带 11 省（直辖市）及青海省由于矿业开发所带来的土地占用破坏面积总体呈上升趋势。剔除 2009 年的异常数据，2008—2015 年矿山占用破坏土地面积以近 8%的平均速度增长，其中 2010 年和 2011 年增幅最大。从 2013—2015 年的数据可以看出，矿山占用、破坏土地面积增速有所减缓，2013 年增速为 8.91%，2014 年、2015 年的增速分别为 2.46%、1.15%，但仍然呈增长趋势，2015 年长江经济带 11 省（直辖市）及青海省矿山占用破坏土地面积已增至 7 049.11 千米^2。2015 年，长江经济带 11 省（直辖市）及青海省区域内青海省、四川省、安徽省、湖南省矿山占用、破坏土地面积最高，分别为 2 440.11 千米^2、837.36 千米^2、510.37 千米^2、438.51 千米^2，从矿山占用、破坏土地面积占比来看，青海省、四川省、安徽省、湖南省占比依然较高，分别为 35%、11.48%、7.24%、6.22%（图 3-8）。

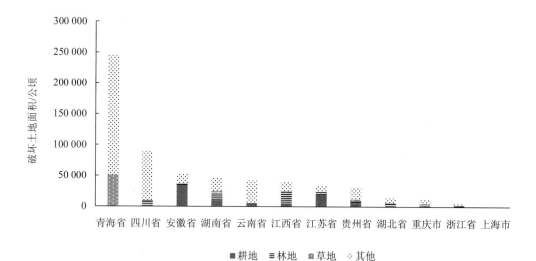

图 3-8　长江经济带 11 省（直辖市）及青海省矿山土地破坏的类型与面积

（2）矿产资源开发对局部地区水土流失的影响

矿山开采活动中修建的各种基础设施是引发水土流失的重要因素。矿区地下水的抽排导致土地贫瘠，形成大面积人工裸地。水土流失的重点区域主要集中在尾矿库、排土场和道路边坡。

2006—2015 年，长江经济带 11 省（直辖市）及青海省水土流失的治理面积年均增长率为 4.66%，2006—2012 年缓慢增长，2013—2015 年较快增长，在 2013 年出现激增，达到 14%。2015 年长江经济带 11 省（直辖市）及青海省水土流失的治理面积已达 47 729.82 万千米^2。其中，川、滇、贵、赣、鄂等地的水土流失治理面积最高，分别为 8 510.33 千米^2、8 074.45 千米^2、6 297.78 千米^2、5 634.30 千米^2、5 577.90 千米^2，分别占长江经济带 11 省（直辖市）及青海省水土流失治理面积的 17.83%、16.92%、13.19%、11.80%、11.69%。以上五省水土流失治理面积占长江经济带 11 省（直辖市）及青海省水土流失治理总面积的 70%以上。2016 年长江经济带 11 省（直辖市）及青海省水土流失面积占比和主要分布地区见表 3-12 和表 3-13。青海省、云南省、贵州省、四川省和重庆市水土流失面积达到了 224 824.31 千米^2，占长江经济带地区总体水土流失面积的 54%。

表 3-12　2016 年长江经济带 11 省（直辖市）及青海省水土流失面积占比

地区	水土流失面积/千米^2	土地面积/千米^2	占比/%
上海市	49.66	6 306	0.79
江苏省	4 421.29	100 952	4.38
浙江省	45 005.2	102 045	44.10
安徽省	23 295.92	140 397	16.59
江西省	40 272.42	167 302	24.07
湖北省	47 843.62	186 163	25.70
湖南省	33 789	212 418	15.91
重庆市	14 840.15	82 539	17.98
四川省	51 115.75	484 310	10.55
贵州省	49 023.8	383 978	12.77
云南省	87 151.49	176 252	49.45
青海省	22 693.12	715 587	3.17
总计	419 501.42	2 758 249	15.21

表 3-13　长江经济带 11 省（直辖市）及青海省水土流失重点预防区和治理区分布

类别	流域区域	县级管控单元
水土流失重点预防区	湟水洮河中下游地区	民和回族土族自治县
	嘉陵江上中游地区	宣汉县、大竹县、邻水县、旺苍县、苍溪县、盐亭县
	丹江口水源区	丹江口市、竹山县
	三峡库区	重庆市万州区、武隆区、忠县、巴东县、秭归县
水土流失重点治理区	金沙江下游地区	会东县、会理县、雷波县、宁南县、西昌市、昭觉县、美姑县、楚雄市、姚安县、武定县、元谋县
	乌江赤水河上中游地区	桐梓县、毕节市七星关区、普定县、大方县、金沙县、彭水苗族土家族自治县
	湘江、资江、沅江中游地区	桑植县、慈利县、辰溪县、邵东县、衡阳县
	赣江上游地区	会昌县、瑞金市、于都县、赣州市南康区、泰和县
	珠江南北盘江地区	兴义市、盘州市、兴仁县、晴隆县、安龙县、关岭布依族苗族自治县、册亨县、罗平县、富源县、师宗县
	红河上中游地区	元江哈尼族彝族傣族自治县、南涧彝族自治县、峨山彝族自治县、易门县

（3）矿产资源开发对湿地的影响

矿区内的矿产资源开发活动将使矿区内的人类活动增加，矿区内人类活动的增加，将对矿区及其周边地区的自然景观资源造成一定程度的破坏，经过长时间的累积，一些自然景观资源将会逐渐消失。在人类活动密集的地区，生活及工业生产排放的废弃物，经过长时间的沉积作用，会破坏生态系统的结构和功能，导致生态系统内物种组成趋向简单、自我修复能力降低、生态功能退化。

总体而言，长江经济带 11 省（直辖市）及青海省湿地面积呈平缓上升趋势，反映了长江经济带湿地保护发展呈逐渐好转的态势。长江中游地区平均湿地面积显著高于上游、下游地区。上游、中游、下游地区平均湿地面积变化趋势基本一致，2012 年年底迅速上升，2013—2016 年相对比较稳定。近年来，长江经济带地区经过治理及自然保护区划定等方法使得湿地面积相对比较稳定，且有增长趋势。对比来看，长江中游、下游地区的湿地面积大于上游地区，上游地区特别是云南省、贵州省等地的湿地面积位于全国排名靠后的位置，这些地区更多为生态敏感地区，易受人类活动的破坏，有关部门更应该加强保护，治理河流湖泊，保护湿地生态系统。

本书结合矿产资源开发过程中各省（直辖市）可能对土壤产生的影响，识别土壤环境影响因子及其影响程度、影响时效和影响类别。长江经济带 11 省（直辖市）及青海省矿产资源开发环境影响如表 3-14 所示。

表 3-14　矿产资源开发环境影响因子识别表

地区	土地占用	水土流失	森林、植被覆盖
青海省	▲★◇	▲★◆	▲★◇
安徽省	▲★◇	▲★◆	▲★◆
湖北省	▲★◇	▲★◆	▲★◇
贵州省	▲★◇	▲★◇	▲★◆
湖南省	▲★◇	▲★◆	▲★◇
江苏省	▲★◇	▲★◆	▲★◆
江西省	▲★◇	▲★◆	▲★◇
上海市	▲★□	▲★◆	▲★□
四川省	▲★◇	▲★◆	▲★◇
云南省	▲★◇	▲★◇	▲★◇
浙江省	△☆◇	▲☆◆	△☆◇
重庆市	▲★◇	▲★◇	▲★◇

注：①影响程度：▲显著，△轻微；
　　②影响时效：★长期，☆短期；
　　③影响类别：◆不可逆，◇可逆。

三、尾矿库堆放和地质灾害威胁人居安全

1. 尾矿库堆放，存在系统性风险

随着矿产资源的持续开采，产出的大量废石、废渣及尾矿所形成的尾矿库存在系统性风险（图 3-9）。一方面，尾矿坝发生崩坝时会威胁人居安全，造成巨大经济损失；另一方面，尾矿中含有多种重金属元素和化学物质，长时间存放会污染水、土壤和大气。

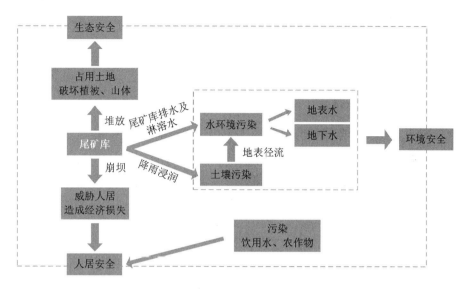

图 3-9　尾矿堆放的系统性影响机理

对于大多数矿山，黑色金属矿山的尾矿量占七成至八成，有色金属矿山的尾矿量可达到 50%～95%，而稀有金属矿山的尾矿量可超过 99%。尾矿库可作为二次资源回收利用，如果进行堆放，将对环境造成污染，也是"重大危险源"。尾矿库事故所造成的危害在世界上 90 多种事故、公害中排第 18 位。尾矿由选矿厂以矿浆状态排出，一旦发生事故，对农田、水系、环境都会造成严重损害，在一些矿业经济比较发达的地区，尾矿库安全环保问题是不可忽视的经济发展和社会稳定问题。

长江经济带 11 省（直辖市）及青海省各地区停用库大量存在，"三边库""头顶库"、废弃库治理难度较大。"三边库"为临近江边、河边、湖库边或位于居民饮用水水源地上游的尾矿库，"头顶库"为下游 1 千米（含）距离内有居民或重要设施且坝体高、势能大的尾矿库，会对尾矿库下游的人民生命财产安全和环境安全造成严重威胁。

如图 3-10、表 3-15 所示，长江经济带 11 省（直辖市）及青海省共有各类尾矿库 2 921 座，尾矿库主要集中分布在长江中上游地区，中上游地区 2 497 座，下游地区 424 座。其中，湖南省、云南省、江西省三省最多，分别为 651 座、637 座、454 座，约占整个流域的一半。

表 3-15 长江经济带 11 省（直辖市）及青海省尾矿库数量

地区	尾矿库数量/座	区域占比/%	全国占比/%
上海市	0	0	0
江苏省	116	3.97	0.97
浙江省	79	2.70	0.66
安徽省	229	7.84	1.92
江西省	454	15.54	3.80
湖北省	291	9.96	2.44
湖南省	651	22.29	5.45
重庆市	35	1.20	0.29
四川省	203	6.95	1.70
贵州省	121	4.14	1.01
云南省	637	21.81	5.33
青海省	105	3.59	0.88
总计	2 921	100	24.45

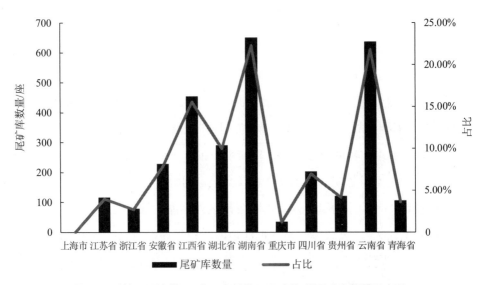

图 3-10 长江经济带 11 省（直辖市）及青海省尾矿库数量及占比

　　这些尾矿库绝大部分存在选址不合理、无正规设计、设备设施简陋、组织施工不规范、从业人员素质低、生产管理粗放、安全防范措施落实不到位等问题。经过近年来的大力整治，不少尾矿库补做了正规安全设施设计，进行了坝体稳定性分析，并进行了专项治理，但是，一些尾矿库仍存在浸润线过高、调洪库容不足、坝体安全观测设施不健全等重大安全隐患，进行治理的难度大、需要的资金投入高，治理周期长（表 3-16）。

表 3-16　长江经济带 11 省（直辖市）及青海省尾矿库位置和地貌破坏程度

地区	矿区群位置	地貌破坏
云南省	建水县—个旧市—元阳县—金平苗族瑶族傣族自治县金属矿集采区	轻微
	砚山县—文山壮族苗族自治州—西畴县—麻栗坡县—马关县金属矿集采区	轻微
	永德县—镇康县—耿马傣族佤族自治县—云县—临沧市—双江拉祜族佤族布朗族傣族自治县—普洱市—思茅区—澜沧江金属矿集采区	轻微
	阜宁县—广南县—广西壮族自治区田林县金属矿集采区	轻微
	楚雄彝族自治州—新平彝族傣族自治县—易门县—峨山彝族自治县—石屏县—建水县—弥勒市金属矿集采区	轻微
	盈江县—腾冲市—保山市—云龙县金属矿集采区	轻微
	永胜县—鹤庆县—洱源县—宾川县—魏县金属矿集采区	轻微
	中甸县—丽江市—维西傈僳族自治县—兰坪白族普米族自治县—云龙县金属矿集采区	轻微
江西省	赣县区—于都县—信丰县—安远县—定南县—龙南市—全南县金属矿集采区	严重
	崇义县—大余县金属矿集采区	严重
	浮梁县—婺源县—德兴市—弋阳县—贵溪市—铅山县—上饶市金属矿集采区	较严重
贵州省	普安县—晴隆县—兴仁市—安龙县—贞丰县—望谟县—册亨县金属矿集采区	较严重
	织金县—清镇市—修文县金属矿集采区	轻微
	大方县金属矿集采区	轻微
	遵义市—瓮安县—福泉市—都匀市—丹寨县—凯里市金属矿集采区	较严重
湖南省	临武县—桂阳县—郴州市—宜章县金属矿集采区	较严重
	祁东县—常宁市—耒阳市金属矿集采区	轻微
	茶陵县—攸县—江西省萍乡市—安福县—宜春市—分宜县—吉安市—新余市金属矿集采区	严重
	辰溪县—沅陵县—桃源县—安化县—宁乡市—冷水江市—溆浦县金属矿集采区	严重
四川省	攀枝花市—会理县—会东县—云南省东川区—大姚县—牟定县—武定县金属矿集采区	严重
	米易县—德昌县—宁南县—布拖县—金阳县—云南省永善县—大关县—盐津县金属矿集采区	轻微
	西昌市—冕宁县—喜德县—越西县—甘洛县—汉源县—峨边彝族自治县金属矿集采区	严重
	丹巴县—康定市—泸定县—天全县金属矿集采区	轻微
	新龙县—炉霍县金属矿集采区	轻微
	平武县—青县金属矿集采区	轻微

地区	矿区群位置	地貌破坏
重庆市	秀山土家族苗族自治县—贵州省松桃苗族自治县—铜仁市—万山—天柱县金属矿集采区	较严重
	城口县金属矿集采区	轻微
湖北省	黄石市—大冶市—阳新县—江西省九江市金属矿集采区	较严重
	宜昌市—长阳土家族自治县—秭归县金属矿集采区	轻微
浙江省	诸暨市—绍兴市金属矿集采区	轻微
安徽省	霍邱县金属矿集采区	轻微
	天长市—江苏省六合区—句容市金属矿集采区	轻微
	长丰县—定远县—凤阳县—五河县金属矿集采区	轻微
江苏省	江宁区—安徽省怀宁县—贵池区—枞阳县—青阳县—铜陵市金属矿集采区	较严重
青海省	都兰县—乌兰县池盐采集区	轻微
上海市	无	—

2. 采掘活动导致地质灾害频发，影响区域人居安全

矿产资源开发中的采掘活动，改变了地质条件，容易引发地面变形灾害，岩土体斜坡失稳，矿井灾害等多种灾害。2015 年长江经济带 11 省（直辖市）及青海省矿山地质灾害共发生 6 311 处，造成经济损失 45.62 亿元，死亡人数达到了 2 563 人。长江经济带 11 省（直辖市）及青海省矿山地质灾害数量、类型、经济损失及伤亡情况详见表 3-17、表 3-18。

表 3-17　长江经济带 11 省（直辖市）及青海省地质灾害类型统计

单位：处

地区	崩塌	滑坡	泥石流	地面塌陷	地面沉降	地裂缝	矿坑突水	其他	合计
上海市	0	0	0	0	0	0	0	0	0
江苏省	39	53	5	54	0	1	29	9	190
浙江省	13	17	6	49	2	5	4	0	96
安徽省	2	19	1	55	5	11	24	0	117
江西省	20	48	14	112	0	14	20	0	228
湖北省	36	31	4	93	4	45	0	0	213
湖南省	214	192	94	840	205	312	121	0	1 978
重庆市	22	105	12	10	0	0	0	0	149

地区	崩塌	滑坡	泥石流	地面塌陷	地面沉降	地裂缝	矿坑突水	其他	合计
四川省	191	278	183	256	77	177	158	0	1 320
贵州省	281	345	24	299	0	216	0	0	1 165
云南省	56	168	83	168	2	177	38	10	702
青海省	13	24	20	57	2	30	7	0	153
总计	887	1 280	446	1 993	297	988	401	19	6 311

表3-18　长江经济带11省（直辖市）及青海省地质灾害损失统计

地区	灾害数量/处	直接经济损失/万元	死亡人数/人
上海市	0	0	0
江苏省	190	81 114.25	81
浙江省	96	3 854.51	9
安徽省	117	32 617.6	15
江西省	228	11 682.86	137
湖北省	213	6 775.49	256
湖南省	1 978	130 439.4	273
重庆市	149	8 273.21	26
四川省	1 320	24 682.39	335
贵州省	1 165	123 700.32	126
云南省	702	28 838.04	1 194
青海省	153	4 201.13	111
总计	6 311	456 179.2	2 563

长江经济带11省（直辖市）及青海省地质灾害以地面塌陷为主，共有地面塌陷1 993处，占矿山地质灾害发生总数的31.6%；滑坡次之，为1 280处，占矿山地质灾害发生总数的20.1%；地裂缝988处，占矿山地质灾害发生总数的16%；崩塌数887处，占矿山地质灾害发生总数的14%；矿坑突水和地面沉降分别为401处和297处，占比分别为6%和5%；泥石流446处，占比7%；其他类19处，占比0.3%。上游地区地质灾害以崩塌、滑坡、泥石流为主，其数量与造成的损失从流域角度来看偏高，地质灾害数量达到3 489处，直接经济损失189 695.1万元，死亡人数1 792人，分别占总体的55.28%、41.58%、68.91%。

对于不同种类的矿山，由于开采方式不同和地域分布差异等因素影响，发生的地质灾害数量相差较大。其中，能源矿山发生地质灾害 2 983 处，占矿山地质灾害的 47%；金属矿山发生地质灾害 1 504 处，占矿山地质灾害总数的 25%；非金属矿山发生地质灾害 1 776 处，占矿山地质灾害总数的 28%；稀土矿山发生地质灾害 48 处，占矿山地质灾害的不足 1%（表 3-19、图 3-11）。

表 3-19　长江经济带 11 省（直辖市）及青海省不同种类矿山地质灾害统计

单位：处

灾害种类	能源	黑色金属	有色金属	贵重金属	稀有稀土	冶金辅助非金属	化工原料非金属	特种非金属	建材及其他非金属	合计
崩塌	246	47	80	49	12	7	42	50	354	887
滑坡	475	81	223	61	20	4	41	12	363	1 280
泥石流	169	23	35	38	7	7	12	5	150	446
地面塌陷	981	211	207	129	4	70	98	4	289	1 993
地面沉降	199	21	17	12	0	3	13	0	32	297
地裂缝	627	77	71	43	5	7	57	0	101	988
矿坑突水	276	14	41	20	0	0	5	0	45	401
其他	10	1	1	2	0	0	0	0	5	19
合计	2 983	475	675	354	48	98	268	71	1 339	6 311

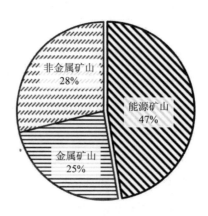

图 3-11　不同类型矿山开发导致的地质灾害数量比例

长江经济带 11 省（直辖市）及青海省地质灾害发生数量较多的省级行政区为湖南省、四川省、贵州省和云南省，位于长江上游和中游部分地区，分别达 1 978 处、1 320 处、1 165 处、702 处（图 3-12）。

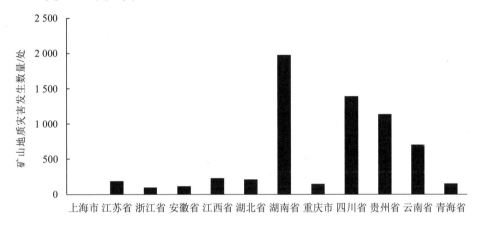

图 3-12　长江经济带 11 省（直辖市）及青海省矿山地质灾害发生数量

湖南省影响较大的区域包括娄底市新化县—双峰县煤炭矿区、邵阳市廉桥镇煤炭矿区、武冈市龙江村—黄龙镇煤炭矿区、郴州市嘉禾县煤炭矿区、郴州市鲁塘镇石墨煤炭矿区、湘潭县锰矿区、浏阳市七宝山铜多金属矿矿区、宜章县瑶岗仙镇钨铅锌多金属矿区、临湘市桃林镇铅锌多金属矿矿区、冷水江市锡矿山锑矿矿区。

贵州省矿山地质灾害主要集中于西部、北部和南部等矿山集中开采区。地面塌陷（沉陷）分布面积较大，约为 16.54 千米^2，集中分布于煤炭集中开采区。

四川省主要发生在凉山彝族自治州、甘孜藏族自治州和阿坝藏族羌族自治州，其次在川东一带，广安区、巴中市偶有严重情况出现，截至 2015 年年底，四川省已查明的地质灾害隐患达 4.1 万余处，对 200 余万人的生命财产安全构成不同程度的威胁。

云南省主要发生在红河哈尼族彝族自治州东北部煤矿、个旧市锡矿、易门县铜矿、开远市小龙潭镇煤矿、禄丰县—平浪镇煤矿、昭通市煤矿区、兰坪白族普米族自治县铅锌矿、曲靖市煤矿区、富宁县金矿、东川区铜矿、楚雄彝族自治州吕合镇煤矿、麻栗坡县南秧田钨矿、新平彝族傣族自治县大红山铁铜矿等矿山开采区（表 3-20）。

表 3-20　长江经济带 11 省（直辖市）及青海省矿山地质灾害多发区及灾害类型

地区	矿山地质灾害多发区	地质灾害类型
湖南省	娄底市新化县—双峰县煤炭矿区、邵阳市廉桥镇煤炭矿区、武冈市龙江村—黄龙镇煤炭矿区、郴州市嘉禾县煤炭矿区、郴州市鲁塘镇石墨煤炭矿区、湘潭县锰矿区、浏阳市七宝山铜多金属矿区、宜章县瑶岗仙镇钨铅锌多金属矿区、临湘市桃林镇铅锌多金属矿区、冷水江市锡矿山锑矿区	地面变形
	柿竹园有色金属矿区、大木冲石灰岩矿区、雷公庙石灰石矿区、零陵区锰矿区、衡山县钠长石矿区、谭家冲矿区、芒头岭石灰石矿、邵武观水泥用石灰岩矿、曾家巷石灰岩矿等	崩塌、滑坡、泥石流
贵州省	赤水市—习水县煤炭开采区、松桃苗族自治县—江口县锰矿开采区	泥石流
	水城区—盘州市煤炭开采区	滑坡、崩塌、岩溶地面塌陷
	开阳县—贵阳市—安顺市煤炭开采区	地面塌陷
江苏省	永宁镇中段斑岩型铜钼矿重点勘查区、盱眙县玄武岩开采区	滑坡、崩塌
	徐州市沛县煤矿重点开采区和保留采矿区、连云港磷矿开采区	采空塌陷
	徐州市丰县岩盐开采区、淮安市岩盐开采区	地面沉降
安徽省	王引河、浍河、岱河、孟沟等河流附近的煤炭开采区	采空塌陷
	霍邱县石材开采区、皖南金、钨钼勘查开发区	滑坡、崩塌
重庆市	天府镇矿区、中梁山矿区、永荣镇矿区、南川区矿区、南桐镇矿区、松藻矿区等大中型煤矿区	滑坡、崩塌、地面塌陷、矸石山失稳
	奉节县大树镇、天池煤矿、南川区铝土矿、秀山土家族苗族自治县鸡公岭、笔架山、溶溪锰矿区等矿山开采区	滑坡、崩塌、地面塌陷、矸石山失稳
浙江省	长兴县煤山石灰岩开采区、青田县山口镇叶蜡石开采区、青田县石平川钼矿开采区、诸暨市南部多金属开采区、龙泉市西部铁-铅锌-萤石开采区	崩塌、滑坡、泥石流、地面塌陷
四川省	旺苍县煤矿区、华蓥市煤矿区、芙蓉煤矿区、达竹煤矿区、宝鼎煤矿区	地面塌陷、地表开裂、滑坡
	攀枝花市钒钛磁铁矿区、两会铜铅锌矿区、塔公金矿区、马脑壳金矿区、嘉陵江中游金矿区、岔河锡矿区	滑坡、泥石流、地面塌陷
	锅巴岩大理石矿区、古叙煤硫矿区、新康、石棉县矿区、龙门山中段磷矿区、牦牛坪等稀土矿区、龙门山北中段石灰石矿区、自贡市盐矿区	地面开裂、地面塌陷、崩塌、滑坡、泥石流
青海省	曲麻莱县大场片区砂金矿、曲麻莱县白的口砂金矿、黑河源地区砂石煤矿、泽库县恰力曲砂石矿、曲麻莱县多曲砂金矿、德令哈市柏树山石灰岩矿、格尔木市砂石矿、木里煤矿区	地面塌陷、滑坡、泥石流

地区	矿山地质灾害多发区	地质灾害类型
云南省	东川区铜矿、个旧市锡矿、易门县铜矿、兰坪白族普米族自治县铅锌矿、开远市小龙潭镇煤矿、禄丰县—平浪镇煤矿、曲靖市煤矿区、昭通市煤矿区、红河哈尼族彝族自治州东北部煤矿、楚雄彝族自治州吕合镇煤矿、富县宁金矿、麻栗坡县南秧田钨矿、新平彝族傣族自治县大红山铁铜矿等矿山开采区	地面塌陷、滑坡
湖北省	秭归县王子沟煤矿、长阳土家族自治县上坪煤矿、五峰土家族自治县犀牛洞煤矿、恩施市太阳矿业道路湾煤矿、巴东县新家（煤）矿区金竹园煤矿等	崩塌
	大冶市大冶有色铜山口铜矿、阳新县大冶有色丰山铜矿、铁山区武钢矿业公司大冶铁矿、长阳土家族自治县新首钢矿业火烧坪铁矿、丹江口市十堰罕王德山矿业陈家垭铁矿、黄梅县华生矿业马尾西铁矿等	滑坡
	大冶市大冶有色铜山口铜矿、阳新县大冶有色丰山铜矿、兴山县兴盛矿产兴隆磷矿、远安县东圣九女矿业九女磷矿、神农架林区长青磷矿、保康县中坪磷矿、房县东蒿矿业毛河磷矿等	泥石流
	铁山区武钢矿业大冶铁矿、大冶市武钢矿业金山店铁矿（张福山矿）、随县金泰矿业杨家湾磁铁矿、大冶市三鑫金铜桃花嘴金铜矿、大冶市大冶有色铜山口铜矿等	地面塌陷
	远安县宜化神农磷矿、神农架林区马鹿场磷矿、保康县堰垭矿贸堰垭磷矿、长阳土家族自治县古城锰矿、恩施市太阳矿业六号井煤矿、巴东县新家（煤）矿区金竹园煤矿	地裂缝
江西省	萍乡市、新余市、丰城市、高安市、乐平市等地的煤炭开采区	采空塌陷
上海市	长宁区北新泾岩溶裂隙矿泉水	地面沉降

四、重大生态环境问题的成因分析

1. 矿山规模化、集约化程度低，清洁生产能力不强

长江经济带 11 省（直辖市）及青海省矿业绿色环保技术普及率低、矿山规模小直接导致了矿产资源采选的高排放，是流域生态环境问题产生的重要原因。

（1）规模化程度低

长江经济带 11 省（直辖市）及青海省小型矿山和小矿占比较高，达到矿山总数的

89.61%。矿山规模化直接影响矿山的产出能力，虽然矿石开采总量占全国的 42.92%，但是矿业工业增加值仅占全国的 18.91%。

从空间分布来看，长江经济带 11 省（直辖市）及青海省中，长江中上游地区的矿山最多，矿山数量排名前四的省份分别是云南省、贵州省、四川省、湖南省；大型矿山数量排名前四的省份分别是浙江省、安徽省、贵州省、四川省；中型矿山数量排名前四的省份分别是贵州省、江西省、四川省、湖南省；小型矿山数量排名前四的省份分别是云南省、湖南省、贵州省、四川省；小矿数量排名前四的省份分别是云南省、四川省、江西省、贵州省。

（2）集约化程度低

长江经济带 11 省（直辖市）及青海省矿产资源开发节约与综合利用程度偏低，开采回采率和选矿回收率较低。如图 3-13 和图 3-14 所示，2016 年，长江经济带 11 省（直辖市）及青海省煤炭、铁矿、铜矿、钨矿、磷矿、普通萤石的平均开采回采率分别为 61.93%、50.2%、53.9%、40.15%、59.55%、50.52%，除铜矿、普通萤石与全国平均开采回采率水平接近外，其余矿种的开采回采率均低于全国平均水平。在选矿回收率方面，长江经济带 11 省（直辖市）及青海省也仅有铜矿略高于全国平均水平。

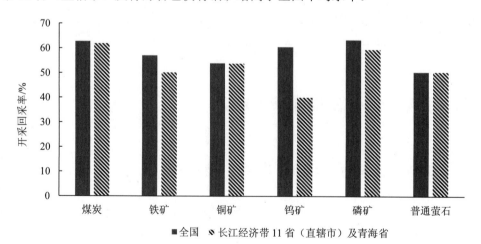

图 3-13　长江经济带 11 省（直辖市）及青海省主要矿种开采回采率与全国平均水平对比

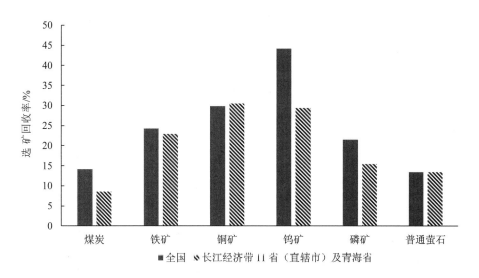

图 3-14　长江经济带 11 省（直辖市）及青海省主要矿种选矿回收率与全国平均水平对比

　　除受制于规模化、集约化程度低以外，长江经济带矿产资源综合开发的激励不足也是造成选矿回收率低的重要原因之一。目前资源综合利用的政策多以直接补助为主，其他辅助手段与配套机制不健全，导致其在具体实施过程中偏离预设目标。首先，矿山企业判断自身是否提升资源综合利用水平的依据是投入-产出比，若综合开发所带来的效益低于成本，那么出于对利润的考虑，企业将不会主动提升综合利用水平，其自身提高"三率"[①]的意愿不强。其次，目前的激励政策存在"一刀切"的问题，不能够依据矿种的不同以及企业的技术水平进行补助，难以将政策落细、落实，部分矿种其本身具有易利用的特点，对其进行补助，能够极大地提升"三率"水平，而对于其他矿种（如磷矿所产生的磷石膏），至今都没有成熟的技术能够将其良好应用，导致即使大量补助，也难以提升其综合利用率。最后，补助的覆盖不够全面，进一步降低了未享受财税优惠政策的企业对加强资源综合利用的意愿。而且，受助的企业由于其本身"三率"水平比较高，不能对提高"三率"水平起到示范作用，不能结构性、本质性地对区域整体资源利用效率产生促进作用。

———————————————

① "三率"为开采回采率、选矿回收率、综合利用率。

（3）清洁生产能力弱

在不同工艺技术及不同生产规模下，单位矿石产量的污染物排放量不同。应用绿色环保技术与工艺，提高矿业集中度、扩大矿山生产规模，有利于降低矿产资源开发过程中的能耗和各类污染物的排放，减少资源开发对生态环境的影响。

对于煤炭开采，当开采规模小于 30 万吨/年时，富水矿区及特大水矿区（湖南省、安徽省、重庆市、江苏省）机采煤排放的工业废水量、化学需氧量（COD）、石油类污染物的量分别比炮采煤低 28%、16%、37%，每产 1 吨原煤可以少排放 1 吨废水、20 克 COD 和 0.95 克石油类污染物，且当应用技术相同时，污染物的排放量随着生产规模的扩大而减少。当生产能力到达 120 万吨/年时，富水矿区的综采煤矿每生产 1 吨原煤能够少排放 0.8 吨工业废水、45 克 COD 和 0.02 克石油类污染物。金属与非金属开采的污染物排放也存在规模和技术效应，污染物的排放量会随着生产规模的扩张和末端治理技术的应用而削减。在有色金属洗选行业，生产规模超过 600 吨/天的洗选厂采用循环利用和沉淀分离技术对污染物进行处理，相较于污染直排，可以减少约 80% 的 COD 和重金属排放量。在磷矿行业，生产规模超过 30 万吨/年的磷矿洗选厂的工业废水排放量为 2.55 吨/吨矿石，COD 排放量为 700 克/吨矿石。相较于此规模以下的洗选厂，工业废水和 COD 排放可以分别减少 47% 和 36%。

而矿山企业环保技术、工艺落后，清洁生产能力不强的主要原因是相关研发投入较少。虽然长江经济带的湖南、贵州、江苏等省份在有色金属、非金属矿产行业成功开发和应用了一批先进的清洁生产技术，如有色金属砷污染物集中安全处置技术、磷矿浆脱硫技术、铅锌硫化矿电位调控分选技术等，但总体而言，长江经济带矿产资源开发的技术研发与投入较少，绿色技术的应用还处于试点阶段，普及程度低、覆盖面窄，大部分矿山企业的清洁生产能力比较差。如图 3-15 所示，2015 年，长江经济带 11 省（直辖市）及青海省矿产资源科技研发项目为 752 个，占全国总数的 39.9%，而矿产资源项目经费为 3.37 亿元，仅占全国总数的 8.96%。由此可见，长江经济带 11 省（直辖市）及青海省资源禀赋与其对矿产资源科技研发的资金投入程度极其不匹配。

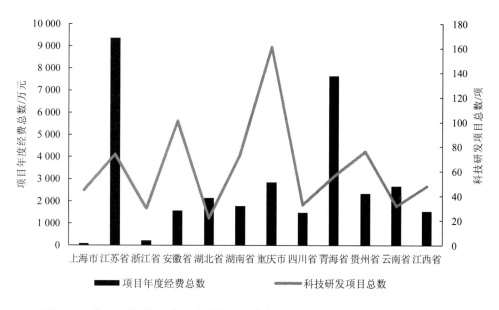

图 3-15　长江经济带 11 省（直辖市）及青海省矿产资源科技研发和资金投入情况

2. 优势矿产超采过量，资源环境承载力超载

长江经济带的湖南、江西、云南等省是我国钨、锡、锑等有色金属的主产地。2015 年长江经济带 11 省（直辖市）及青海省钨矿、锡矿、锑矿产量占全国的比重分别为 86.15%、71.45%、88.06%。为保护和合理开发优势矿产，控制开采区的环境污染，原国土资源部对钨、稀土等矿产资源实行开采总量控制。依据发布的《国土资源部关于下达 2015 年度稀土矿钨矿开采总量控制指标的通知》（国土资厅函〔2015〕263 号），2015 年下达湖南省和江西省的钨精矿（WO_3 65%，下同）开采总量控制指标分别为 20 050 吨和 36 000 吨，而 2015 年，湖南省、江西省钨精矿的实际开采量分别为 46 000 吨和 51 000 吨，超采量分别为 25 950 吨和 15 000 吨，超采比例达到了 129.43% 和 41.67%。除此之外，湖南省、江西省、云南省对锡、锑的实际开采量也超出其矿产资源规划中的规划量。依据湖南省、江西省、云南省的矿产资源规划（2008—2015），三省预计 2015 年对锡的开采量分别为 35 000 吨、4 000 吨和 52 500 吨，但三省的实际开采量分别为 49 731 吨、21 656 吨

和 97 747 吨，超采量为 14 731 万吨、17 656 吨和 45 247 吨，超采比例达 42.09%、441.4%、86.18%；湖南、江西、云南三省预计 2015 年对锑的开采量分别为 45 000 吨、3 500 吨和 5 000 吨，但三省的实际开采量分别为 103 000 吨、4 100 吨和 10 900 吨，超采量为 58 000 万吨、600 吨和 5 900 吨，超采比例达 128.89%、17.14%、118.00%（表 3-21）。

表 3-21　2015 年长江经济带钨、锡、锑矿超采情况

矿种	指标	湖南省	江西省	云南省
钨精矿（WO₃ 65%）	控制量/吨	20 050	36 000	5 850
	实际开采量/吨	46 000	51 000	5 500
	超采量/吨	25 950	15 000	未超采
	超采比例/%	129.43	41.67	—
锡（金属量）	规划量/吨	35 000	4 000	52 500
	实际开采量/吨	49 731	21 656	97 747
	超采量/吨	14 731	17 656	45 247
	超采比例/%	42.09	441.40	86.18
锑（金属量）	规划量/吨	45 000	3 500	5 000
	实际开采量/吨	103 000	4 100	10 900
	超采量/吨	58 000	600	5 900
	超采比例/%	128.89	17.14	118.00

钨、锡、锑等有色金属行业环境污染严重，在有色金属采选、精炼加工等各个环节中均会产生大量废水、废气和固体废物。过度的矿产资源开发会加重生态环境的负担，产生额外的污染物排放，造成资源环境超载。根据长江经济带钨矿、锡矿、锑矿的超采量，估算由于长江经济带有色金属超采所产生的污染物增加量（表 3-22）：钨、锡、锑 3 种有色金属超采导致工业废水量增加 786.92 万吨，COD 增加 558.51 吨，汞、镉、铅、砷等重金属污染物合计增加约 37.95 千克。除湖南省、江西省、云南省等地的有色金属超采外，长江经济带其他省份的优势矿种也存在超采现象，特别是长江上游地区的青海、云南、贵州等省份。这些省份经济欠发达，矿业占国民经济的比重大，经济发展对矿业的依赖性比较强，因此政府对矿产资源开采量的监管不严格，纵容了矿山企业的超采行为，对地方生态环境造成了极大的威胁，加深了流域重金属污染的累积程度。

表 3-22 2015 年长江经济带有色金属超采的污染物增加量

矿种	工业废水量/万吨	COD/吨	汞/毫克	镉/克	铅/克	砷/克
钨	316.23	54.2	3.2	190	266	228
锡	402.29	504.31	3.5	904	2 319	30 375
锑	68.4	0	0.2	93	93	3 481
合计	786.92	558.51	6.9	1 187	2 678	34 084

3. 矿业空间布局与产业结构不合理，矿业发展与生态环境保护协调性差

（1）受资源禀赋、成矿条件、管理水平等因素的影响，目前长江经济带 11 省（直辖市）及青海省矿业存在空间布局不合理的问题。一方面，部分矿业权设置与自然保护区重叠。据统计，长江经济带 11 省（直辖市）及青海省探矿权和采矿权与自然保护区的重叠面积分别达 3.01 万千米^2 和 0.67 万千米^2。另一方面，大量矿业城市、重点矿区邻近长江干流、乌江及湘江流域（表 3-23）。据统计，邻近长江流域的主要矿业地区有 31 个、重点矿区 37 个，以有色金属、煤炭开采为主。矿业权设置不合理直接导致资源开发挤占生态空间，流域水生态、水环境压力较大。

表 3-23 邻近流域的主要矿业地区及重点矿区分布情况

流域		主要矿业地区	主要重点矿区
长江干流	长江源头—宜昌市段	得荣县（煤矿）、凉山彝族自治州（磷矿）、长寿区（煤炭）、奉节县（煤矿）、江津区（非金属）、安宁市（磷矿）、攀枝花市（铁矿）	筠连县煤炭国家规划矿区、马边彝族自治县—雷波县磷矿国家规划矿区、安宁市—晋宁区磷矿区、攀枝花市钒钛磁铁矿国家规划矿区
	宜昌市—湖口县段	宜昌市（非金属）、黄石市（铁矿）、鄂州市（有色金属）、阳新县（有色金属）、富池镇（黄金）、临湘市（有色金属）、瑞昌市（有色金属）	宜昌市宜昌北部磷矿区、黄石市大冶市灵乡铁矿区、鄂州市汀祖龟山铜铁矿区、临湘市桃林铅锌多金属矿矿区、九江市城门山铜矿区、瑞昌市武山铜矿区、江西省大碑铜矿区
	湖口县—长江入海口	铜陵市（有色金属）、马鞍山市（铁矿）、当涂县（铁矿）、雨花台区（铁矿）、丹徒县（花岗岩）	马鞍山市铁矿重点矿区、铜陵市—南陵县铜铅锌水泥用灰岩重点矿区、繁昌铁矿水泥用灰岩重点矿区、池州铜金水泥用灰岩重点矿区、青阳县—泾县方解石重点矿区、镇江市—常州市金坛盐盆岩盐开采区

流域		主要矿业地区	主要重点矿区
长江支流	汉江	钟祥市（磷矿）、保康县（磷矿）	钟祥市荆襄磷矿区、潜江市张金矿泉水矿区
	湘江	冷水江市（有色金属）、常宁市（有色金属）、浏阳市（非金属）、资兴市（煤矿）、双峰县（煤矿）	冷水江市锡矿山锑矿区、常宁市水口山铅锌多金属矿矿区、浏阳市七宝山铜多金属矿矿区、湘潭县湘潭鹤岭锰矿区、永州市零陵区水埠头锰矿区、衡南县川口钨多金属矿矿区
	乌江	纳雍县（煤矿）、织金县（煤矿）、花溪区（煤矿）、平坝区（煤矿）	水城区矿区、遵义市矿区、盘州市矿区、织纳矿区、六枝特区黑塘村煤炭矿区、普兴镇煤炭矿区
	雅砻江	盐边县（煤矿）	盐边县白沙坡矿区、红格南矿区、红格钒钛磁铁矿省级规划矿区、盐边县—碗水矿区

（2）产业结构"偏重化"特征明显。依托良好的矿产资源禀赋，长江经济带 11 省（直辖市）及青海省主要矿业城市的采矿业以及矿产资源开发相关产业链上的冶炼、化工等行业占地方经济的主导地位，第二产业占国内生产总值（GDP）的比重较大，导致了矿业城市的高能耗、高排放，矿区、矿业园区的污染来源更加复杂、程度更为严重。

长江经济带沿线已经形成了安徽省淮北市煤—煤化工矿业经济区、湖北省鄂州市—黄石市铁铜金矿业经济区、四川省攀枝花市钒钛矿业经济区等 29 个全国重点矿业经济区。经济区内采掘业及相关下游产业在地方经济中占主导地位，如表 3-24 所示，在长江经济带 11 省（直辖市）及青海省的 27 个主要矿业城市中，仅有 4 个城市的第二产业占地方 GDP 的比例低于 40%；5 个城市的第二产业占比在 40%～50%；18 个城市的第二产业占比超过 50%，其中攀枝花市和铜陵市的第二产业占比均高于 60%，且这些城市第三产业发展程度普遍较低，占比均低于 50%。同时，初级采掘产业所占第二产业的比重较大，淮北市、六盘水市等城市采矿业从业人员占比甚至超过了 60%，显示出长江经济带主要矿业城市经济发展过于依赖矿产资源开发，产业结构"偏重化"特征明显。与第二产业相比，在长江经济带大部分矿业城市中第一产业和第三产业发展缓慢，其第一产业仍以传统农业为主，由于缺乏政策以及资金支持，机械化、规模化作业尚未普及，在农产品的加工和贸易方面也未形成完整的体系，现代农业的发展几近停滞。第三产业以满足居民基本需求的消费性服务业为主，咨询、通信、科技等基础产业发展不足。

表 3-24　长江经济带 11 省（直辖市）及青海省主要矿业城市 2016 年第二产业产值及其占比

省级行政区	矿业城市	第二产业产值/亿元	第二产业占比/%
安徽省	铜陵市	569.60	59.50
	淮北市	450.20	56.30
	马鞍山市	827.54	55.40
江西省	赣州市	936.98	42.70
	宜春市	838.55	51.73
	新余市	527.93	55.76
	萍乡市	517.32	56.70
湖北省	黄石市	679.88	55.36
	大冶市	354.78	65.64
	鄂州市	422.46	57.87
湖南省	郴州市	1 099.59	54.65
	株洲市	1 337.08	57.26
	娄底市	650.09	50.33
	邵阳市	508.06	36.63
四川省	攀枝花市	661.04	71.45
	广元市	285.52	47.16
	雅安市	280.94	55.90
	泸州市	806.77	59.61
贵州省	毕节市	566.56	38.77
	六盘水市	614.11	51.13
	安顺市	207.64	33.20
云南省	曲靖市	842.29	51.04
	保山市	192.08	34.80
江苏省	徐州市	2 355.11	44.27
	宿迁市	1 031.41	48.51
浙江省	湖州市	1 026.71	49.26
青海省	海西蒙古族藏族自治州	326.67	67.10

4. 矿业、环境相关的部门间协作较少，地质环境和尾矿库管理及监督力度不足

　　长江经济带生态保护中存在的问题在一定程度上与矿产资源管理体制不健全有关。在现行的矿产资源开发与环境保护的监管体制下，政府各部门之间尚未形成"合力"，许多部门的职能还存在交叉问题，协作意识不强，执法的主体不清晰，权责也未能划定，监测机制尚不完善。以尾矿库的管理为例，如前所述，尾矿库的堆放存在系统性风险，应当是矿产资源开发生态环境保护所关注的重点对象，但是在现行机制下，生产和环境保护的监管是分离的，尾矿库主要由自然资源部门进行统计、监测与管理，但是其渗漏、泄漏、坝崩等导致的环境问题由生态保护部门进行管理，其中间信息不畅降低了污染治理的时效性，对区域生态环境造成了巨大威胁。另外，对于矿产资源开发所导致的地质环境问题，如泥石流、滑坡、地面塌陷等，会对人居安全及生态环境产生联动性的影响，危害性较强，但是在现行的法规中没有对矿产资源开发地区的地质灾害进行特别规定。同时，由于法律间的协调性不强，矿区地质灾害的相关限制性、引导性规定散见于相关法规中，同时各级法规的相关描述也不尽相同，大部分政策的制定都从执行部门自身出发，政策之间缺乏联动性，有时甚至会有冲突，导致各部门在政策的具体落实上存在困难。同时，在长江上游的云南、贵州等省份，其社会经济发展相对滞后，面临着脱贫攻坚的压力，经济发展与环境保护之间的矛盾更为突出，由于政绩需要，地方政府常常会向经济发展妥协，而生态环境则成为"牺牲品"，造成了实际监管活动中执法不严、监管不到位的问题。

第四章

矿产资源开发的生态环境影响未来演变趋势

一、矿产资源开发的环境影响预测的总体思路

在矿产资源开发为长江经济带经济发展提供重要物质保障的同时，仍不可避免地给生态、环境和人居带来威胁，导致生态功能区调节功能遭到挤压，生物多样性减少，水体、土壤、大气污染突出，农副产品和饮用水的安全性下降，地质灾害频发等重大问题，而这些重大问题的产生均与矿产资源的开发强度有着直接联系。

以各省（直辖市）矿产资源规划报告为基准，考虑国家资源安全、矿业战略、可替代矿种，对 2025 年、2035 年和 2050 年长江经济带 11 省（直辖市）及青海省主要矿产资源的产量进行预测。并依据产量预测结果，估算能源、金属和有色金属三大类矿产资源各类污染物的排放情况（包括废水量、COD、重金属、氨氮、总磷、总氮等），辨识长江经济带矿产资源开发导致水污染、土污染问题的演变方向，预测水污染、土污染的程度和空间分布特点。另外，依照长江经济带 11 省（直辖市）及青海省矿产资源开发利用规划图与该区域的自然保护区规划图进行 GIS 叠加分析，预测长江经济带 11 省（直辖市）及青海省矿产资源开发的生态环境影响；依照《全国地质灾害防治"十三五"规划》，预测地质灾害发生频次和区域，展望长江经济带人居安全问题的演变趋势（图 4-1）。

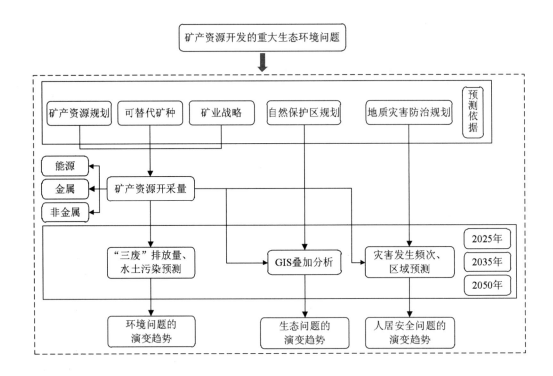

图 4-1　长江经济带生态环境影响预测总体思路

二、长江经济带矿产资源开发预测

1. 预测约束及依据

（1）以各省（直辖市）矿产资源规划报告为预测基准

以各省（直辖市）的矿产资源规划报告为基础，依据当前矿产资源的开发量，考虑矿产资源规划报告中针对不同矿种的限定条件及需求预测等设置的各种条件，运用指数平滑法来对各地区矿产资源开发量进行预测。

（2）考虑资源供给安全

我国战略性矿产对外依存度偏高，境外矿产供给存在诸多安全风险，特别是当前国际环境下，逆全球化升温，资源民族主义冲突加剧，大国资源竞争加强等。在此背景下，长江经济带矿产资源开发必须考虑全国及区域矿业战略，保障国家资源、区域资源供给安全。

（3）考虑环境约束及矿种的可替代性

减少可被替代且生态环境影响较大的矿种的产量，选择可替代且环境影响较小的矿产资源进行开发。同时，减少不可替代且经济收益小的矿种的产量，通过寻求海外进口资源，保证国内的储存量。

2. 长江经济带优势矿产资源产量预测

（1）能源资源产量预测

石油产量近期将保持稳定，远期将会逐渐上升。石油开采主要集中在青海省，青海省生态环境脆弱，由于环境保护的要求和约束，开发利用较少。湖北省将建设潜江市—荆州市石油（气）、含钾盐卤资源开发基地，因此石油产量将保持稳定，远期将会逐渐上升，预计 2025 年、2035 年、2050 年长江经济带 11 省（直辖市）及青海省的石油产量分别为 270 万吨、310 万吨、330 万吨。

天然气产量将稳定上升。天然气（包括煤层气、页岩气）开发主要集中在青海省、四川省、重庆市等地。随着湖北省加大天然气勘查力度，四川省建设四川盆地天然气基地，重庆市打造云阳县—万州区—长寿区天然气、岩盐勘查开发基地，天然气产量将会保持稳定上升趋势，预计 2025 年、2035 年、2050 年长江经济带 11 省（直辖市）及青海省的天然气产量分别为 767 亿米^3、1 130 亿米^3、1 740 亿米^3。

煤炭产量将大幅减少。煤炭生产主要集中在安徽省、贵州省等地，受国家全力化解煤炭过剩产能政策，各省（直辖市）均大幅减少煤炭开采，预计 2025 年、2035 年、2050 年长江经济带 11 省（直辖市）及青海省的煤炭产量分别为 4.86 亿吨、3.81 亿吨、2.98 亿吨。

页岩气产量近期将小幅增加，远期将大幅增加。目前，四川省页岩气的储量虽然较为丰富，但是由于受到技术、开采成本和环境保护要求的约束和限制，尚未实现开发利用。随着川南页岩气开发利用工程的实施与开展，四川省页岩气将实现开采和利用。重庆市是建设七大页岩气勘探开发基地，产量将逐渐增加，预计 2025 年、2035 年、2050 年长江经济带 11 省（直辖市）及青海省的页岩气产量分别为 300 亿米^3、650 亿米^3、1 100 亿米^3（表 4-1～表 4-3）。

表 4-1　预计长江经济带 11 省（直辖市）及青海省 2025 年能源资源开发总量

地区	石油/万吨（原油）	天然气/亿米^3	页岩气/亿米^3	煤炭/万吨（原煤）
青海省	270	100	—	—
云南省	—	—	—	7 000
贵州省	—	20	—	19 000
四川省	—	350	100	4 500
重庆市	—	287	200	1 500
湖北省	—	10	—	1 000
湖南省	—	—	—	1 100
江苏省	—	—	—	1 000
浙江省	—	—	—	—
上海市	—	—	—	—
江西省	—	—	—	1 500
安徽省	—	—	—	12 000

注：表中空白数据均为 0，意为该省的该矿种在预测年份没有产量（下同）。

表 4-2　预计长江经济带 11 省（直辖市）及青海省 2035 年能源资源开发总量

地区	石油/万吨（原油）	天然气/亿米^3	页岩气/亿米^3	煤炭/万吨（原煤）
青海省	300	150	—	—
云南省	—	—	—	5 500
贵州省	—	60	—	16 000
四川省	—	500	200	3 500
重庆市	—	400	450	1 000
湖北省	10	20	—	—
湖南省	—	—	—	800
江苏省	—	—	—	600
浙江省	—	—	—	—
上海市	—	—	—	—
江西省	—	—	—	1 200
安徽省	—	—	—	9 500

表 4-3　预计长江经济带 11 省（直辖市）及青海省 2050 年能源资源开发总量

地区	石油/万吨（原油）	天然气/亿米³	页岩气/亿米³	煤炭/万吨（原煤）
青海省	300	200	—	
云南省	—	—	—	4 000
贵州省	—	150	—	14 000
四川省	—	700	400	2 500
重庆市	—	650	700	500
湖北省	30	40	—	—
湖南省	—	—	—	600
江苏省	—	—	—	300
浙江省	—	—	—	—
上海市	—	—	—	—
江西省	—	—	—	900
安徽省	—	—	—	7 000

（2）金属资源产量预测

长江经济带 11 省（直辖市）及青海省金属矿产资源开发强度较大的矿产，包括铁矿、铜矿、铅矿、锌矿、铝土矿、锂矿、钨矿、锡矿、锑矿等。总体来看，上游由于其良好的资源禀赋，导致开发强度远远超过了中下游地区，尤其在铁矿、铝土矿、铅锌矿等优势矿产上，上游的开发强度远远超过中下游地区。例如，长江经济带上游的贵州省有丰富的铝土矿，在充分保障区域需求量的基础上，要求有序地开发铝土矿，预计贵州省铝土矿开采会有小幅增加，其增加的趋势与区域内对铝土矿需求量紧密相关。铜矿、钨矿等国家战略性矿产资源，中下游开发强度超过上游开发强度。江西省、安徽省等作为我国钨矿集中地，由于钨矿的特殊性，其开采规模必须严格控制在国家标准之内。此外，部分金属矿产也有轻微开采，如锑、锶、钼、银等金属，对生态环境影响较小，开采总量较小。

在长江经济带 11 省（直辖市）及青海省金属资源矿产预测中，钨矿作为国家战略性矿产，国家实行严格的总量控制，其开采规模务必控制在国家标准之内，开采总量将有所下降。预计 2025 年、2035 年、2050 年长江经济带钨矿产量分别为 15.41 万吨、14.60万吨、13.18 万吨。

对于铁矿，国家要求在充分保证其需求的条件下，鼓励开采，预计远期开采规模有所增加。预计 2025 年、2035 年、2050 年长江经济带 11 省（直辖市）及青海省铁矿产量分别为 1.67 亿吨、1.95 亿吨、2.4 亿吨。

铜矿、铅矿、锌矿产量远期将有小幅上升。预计 2025 年、2035 年、2050 年长江经济带 11 省（直辖市）及青海省铜矿产量分别为 2 002.5 万吨、2 361.5 万吨、2 877 万吨。

对于铝土矿，国家要求进行有序开发，其产量在远期将稳步增长。预计 2025 年、2035 年、2050 年长江经济带 11 省（直辖市）及青海省铝土矿产量分别为 1 900 万吨、2 200 万吨、2 600 万吨（表 4-4～表 4-6）。

从远期来看，在长江经济带金属矿产资源的开发与利用方面，需要全面建立稳定、开放的资源安全保障体系，促进资源开发与经济社会发展、生态环境保护相协调的发展格局的基本形成，使得资源保护更加有效，推动矿业实现全面转型升级和绿色发展，促进现代矿业市场体系全面建立，提高参与全球矿业治理能力。展望期内，长江经济带金属矿产资源开发注重在能源安全的基础上，充分保障金属矿产资源的需求量，并实行合理有序的开发。

表 4-4　预计长江经济带 11 省（直辖市）及青海省 2025 年主要金属资源开发总量

单位：万吨

地区	铁矿	铝土矿	铜矿	锌矿	铅矿	钨矿	锡矿	锑矿	锂矿
青海省	—	—	—	—	—	—	—	—	—
云南省	2 800		30	80	22	0.4	6.5	—	—
贵州省	—	1 700	—	50				38	—
四川省	6 500	—	350	200		0.03		—	450
重庆市	100	200	—	—		—		—	—
湖北省	900		700	—		0.03		—	—
湖南省	—	—	—	20		3	3	3	—
江西省	1 000	—	22.5	10.9	3.5	4.45	0.4		1
安徽省	4 865		900	—			6.5		—
江苏省	600	—	—	—		—		—	—
浙江省	—	—	—	—		1		—	—
上海市									

表4-5　预计长江经济带11省（直辖市）及青海省2035年主要金属资源开发总量

单位：万吨

地区	铁矿	铝土矿	铜矿	锌矿	铅矿	钨矿	锡矿	锑矿	锂矿
青海省	—	—	—	—	—	—	—	—	—
云南省	3 000	—	35	85	26	0.4	7	—	—
贵州省	—	1 800	—	55		—	—	38	—
四川省	7 000	—	400	250		0.05	—	—	500
重庆市	300	400	—	—	—	—	—	—	—
湖北省	1 200	—	900	—	—	0.05	—	—	—
湖南省	—	—	—	19		2.9	6	6	—
江西省	1 200	—	26.5	11.9	4.5	4.4	1	—	1.5
安徽省	6 000	—	1 000	—	—	6	—	—	—
江苏省	800	—	—	—	—	—	—	—	—
浙江省	—	—	—	—	—	0.8	—	—	—
上海市	—	—	—	—	—	—	—	—	—

表4-6　预计长江经济带11省（直辖市）及青海省2050年主要金属资源开发总量

单位：万吨

地区	铁矿	铝土矿	铜矿	锌矿	铅矿	钨矿	锡矿	锑矿	锂矿
青海省	—	—	—	—	—	—	—	—	—
云南省	4 000	—	45	95	35	0.4	9.5	—	—
贵州省	8 000	2 000	—	65		—	—	37	—
四川省	—	—	500	350		0.1	—	—	600
重庆市	400	600	—	—	—	—	—	—	—
湖北省	1 400	—	1 100	—	—	0.08	—	—	—
湖南省	—	—	—	16		2.5	11	11	—
江西省	1 700	—	32	13.9	6.5	4	2	—	2.5
安徽省	7 500	—	1 200	—	—	5.5	—	—	—
江苏省	1 000	—	—	—	—	—	—	—	—
浙江省	—	—	—	—	—	0.6	—	—	—
上海市	—	—	—	—	—	—	—	—	—

（3）非金属资源产量预测

长江经济带11省（直辖市）及青海省非金属矿产的开采品种十分丰富，达到25种之多, 开采总量较多的包括水泥用灰岩、磷矿、石灰岩等矿产。长江经济带非金属开采无序, 开采规模和品种管控力度较小, 对流域生态环境的影响较大。在未来较长时期, 长江经济带 11 省 (直辖市) 及青海省非金属矿产资源的开采量将呈总体平稳、略微下降的趋势。

如表 4-7~表 4-9 所示, 磷矿开采近期呈增长趋势, 远期开采规模将得到适当控制。湖北省、云南省、贵州省和四川省是长江经济带磷矿的主要产地, 但各省 (直辖市) 磷矿开发利用方向和目标不一致。湖北省将推进磷矿开发供给侧结构性改革, 压减磷矿山总数、控制产能过剩, 而云南省、贵州省、四川省磷矿开采则以保障省内资源供应为主。总体来看, 长江经济带磷矿开采量近期将稳步增长, 当其供给能力与各省 (直辖市) 需求相匹配后, 远期开采规模将得到适当控制。预计 2025 年、2035 年和 2050 年长江经济带的磷矿产量分别为 1.12 亿吨、1.02 亿吨和 1 亿吨。

控制石材开采总量, 近期将维持现有规模, 远期将大幅缩减。水泥用灰岩、石灰岩、饰面石材的开采对生态环境破坏较为严重, 但目前石材在安徽省、贵州省、湖北省等地的经济发展中仍占有一定地位, 因此预计其 2025 年的产量将维持现有规模。随着环境约束趋紧, 石材开采的环境准入门槛提高, 未来水泥用灰岩的开采量将大幅减少。

氯化钾产量呈上升趋势。长江经济带 11 省 (直辖市) 及青海省氯化钾主要分布在青海省, 近年来该省实现了氯化钾找矿勘查的重大突破, 新增探明储量 1 亿吨 (氯化钾), 在今后较长时间内氯化钾的新增储量将得到有序开采。预计 2025 年、2035 年和 2050 年长江经济带 11 省 (直辖市) 及青海省的氯化钾产量分别为 6 500 万吨、7 500 万吨和 7 300 万吨 (光卤石)。

表 4-7　预计长江经济带 11 省 (直辖市) 及青海省 2025 年主要非金属资源开发总量

矿种	青海省	云南省	贵州省	四川省	重庆市	湖北省	江西省	安徽省
水泥用灰岩/万吨	—	—	9 400	7 500	7 500	5 500	9 000	25 000
磷矿/万吨	—	4 000	3 800	1 200	—	2 200		
石灰岩/万吨	3 500	—	—	—	—	—	—	—
氯化钾/万吨 (光卤石)	6 500	—	—	—	—	—	—	—
饰面石材/万米³	—	—	—	—	200	3 000	250	
盐矿/万吨	1 200	—	—	—	—	800	450	

表 4-8　预计长江经济带 11 省（直辖市）及青海省 2035 年主要非金属资源开发总量

矿种	青海省	云南省	贵州省	四川省	重庆市	湖北省	江西省	安徽省
水泥用灰岩/万吨	—	—	8 000	6 500	6 000	4 500	7 400	23 000
磷矿/万吨	—	3 500	3 700	1 200	—	1 800	—	—
石灰岩/万吨	3 000	—	—	—	—	—	—	—
氯化钾/万吨（光卤石）	7 500	—	—	—	—	—	—	—
饰面石材/万米³	—	—	—	—	—	150	3 000	200
盐矿/万吨	900	—	—	—	—	—	800	500

表 4-9　预计长江经济带 11 省（直辖市）及青海省 2050 年主要非金属资源开发总量

矿种	青海省	云南省	贵州省	四川省	重庆市	湖北省	江西省	安徽省
水泥用灰岩/万吨	—	—	6 000	5 500	5 500	4 000	6 000	18 000
磷矿/万吨	—	3 500	3 500	1 200	—	1 800	—	—
石灰岩/万吨	2 500	—	—	—	—	—	—	—
氯化钾/万吨（光卤石）	7 300	—	—	—	—	—	—	—
饰面石材/万米³	—	—	—	—	—	150	2 500	180
盐矿/万吨	800	—	—	—	—	—	500	550

三、矿产资源开发的重大生态环境问题演变趋势分析

1. 矿产资源开发的水污染、土污染有所减缓，水生态、水环境的压力依旧突出

长江经济带 11 省（直辖市）及青海省主要矿产资源的开发强度将得到适当控制，非战略性矿产资源开采总量逐年减少，战略性矿产资源以保障区域经济发展需求和国家资源安全为目标，适当增加。并且随着矿山开采的规模化、机械化程度不断提高，矿产资源开发单位产量的污染物排放量将有所减少，所以总体来看，长江经济带 11 省（直辖市）及青海省矿产资源采选所造成的环境污染将会减少，但排放的总量依然偏大，水污染、土污染问题仍旧突出。预计 2025 年、2035 年、2050 年长江经济带 11 省（直辖市）及青海省区域废水排放量分别约为 13.8 亿吨、12.8 亿吨、9.1 亿吨。

（1）能源污染物排放量预测

能源矿产工业废水排放量和化学需氧量排放量近期骤减，远期小幅减少。预计 2025

年、2035 年、2050 年长江经济带 11 省（直辖市）及青海省能源矿产开发行业的工业废水排放总量分别为 31 884 万吨、21 278 万吨、19 189 万吨；预计 2025 年、2035 年、2050 年长江经济带 11 省（直辖市）及青海省矿产开发行业废水化学需氧量排放总量分别为 18 189 吨、13 698 吨、12 116 吨（图 4-2）。

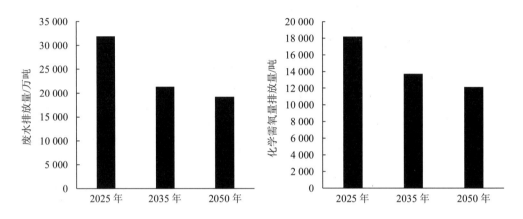

图 4-2　长江经济带 11 省（直辖市）及青海省能源污染物排放量预测

未来煤炭的污染物占比降低，但煤炭开采的废水排放量占能源矿产废水排放总量的比重仍很大。长江经济带 11 省（直辖市）及青海省煤炭开采的废水排放量，在 2025 年占能源矿产废水排放总量的 99.32%，在 2035 年占能源矿产废水排放总量的 96.92%，在 2050 年占能源矿产废水排放总量的 94.28%；随着天然气和页岩气产量的增加，其废水排放占比由 2025 年的 0.5% 上升至 2050 年的 4.93%。随着石油产量的上升和煤炭产量的大幅减少，石油的化学需氧量排放量占能源矿产的化学需氧量排放量占比由 2025 年的 10.12% 上升至 2050 年的 23.65%，煤炭的化学需氧量占比则由 2025 年的 87.55% 下降至 2050 年的 61.70%。

未来石油产量小幅上升，工业废水排放量有所上升，化学需氧量排放量先降后升。由于石油开采技术的进步，近期化学需氧量排放量小幅下降，但是随着石油产量的上升，远期化学需氧量排放量呈现上升趋势。预计 2025 年、2035 年、2050 年长江经济带 11 省（直辖市）及青海省的石油工业废水排放量分别为 216 万吨、248 万吨、264 万吨；预计 2025 年、2035 年、2050 年长江经济带 11 省（直辖市）及青海省的石油开发产生的化学需氧量排放量分别为 7 020 吨、5 580 吨、5 940 吨（图 4-3）。

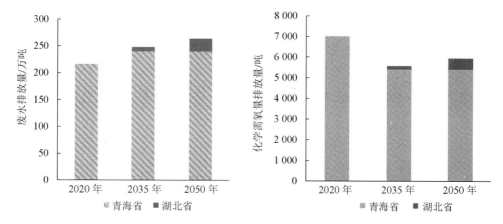

图 4-3　长江经济带 11 省（直辖市）及青海省石油污染物排放量预测

天然气工业废水排放量和化学需氧量排放量迅速增加。四川省、重庆市、湖北省等地加大天然气开发力度，随着天然气的产量猛增，近期和远期天然气工业废水排放量和化学需氧量排放量将会逐渐增加。预计 2025 年、2035 年、2050 年长江经济带 11 省（直辖市）及青海省的天然气工业废水排放量分别为 452.66 万吨、650.88 万吨、1 002.24 万吨；预计 2025 年、2035 年、2050 年长江经济带 11 省（直辖市）及青海省的天然气开采产生的化学需氧量排放量分别为 1 057.39 吨、1 464.48 吨、2 255.04 吨（图 4-4）。

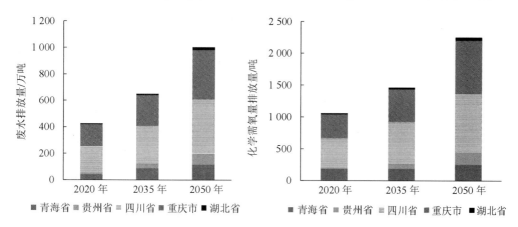

图 4-4　长江经济带 11 省（直辖市）及青海省天然气污染物排放量预测

页岩气工业废水排放量和化学需氧量排放量大幅增加。随着页岩气开采技术的逐渐成熟，四川省、重庆市等地的页岩气产量将会逐渐增加，近期页岩气工业废水排放量和化学需氧量排放量将会小幅增加，远期将会呈现迅速增加趋势。预计 2025 年、2035 年、2050 年长江经济带的页岩气工业废水排放量分别为 172.8 万吨、374.4 万吨、633.6 万吨；预计 2025 年、2035 年、2050 年长江经济带的页岩气化学需氧量排放量分别为 561.6 吨、842.4 吨、1 425.6 吨（图 4-5）。

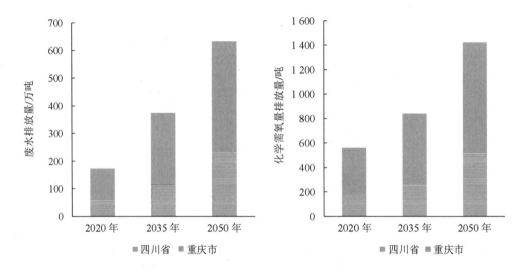

图 4-5　长江经济带页岩气污染物排放量预测

煤炭工业废水排放量和化学需氧量排放量近期大幅下降，远期稳定下降。由于煤炭产量的大幅减少以及绿色开发的技术推广，煤炭的工业废水排放量和化学需氧量排放量在近期将会出现骤减。在绿色开发的技术推广全面普及之后，污染物排放量将随着煤炭产量的减少而减少，远期污染物排放量将会保持小幅下降趋势。预计 2025 年、2035 年、2050 年长江经济带的煤炭工业废水排放量分别为 31 496 万吨、20 656 万吨、18 292 万吨；预计 2025 年、2035 年、2050 年长江经济带的煤炭气化学需氧量排放量分别为 10 608 吨、7 276 吨、4 751 吨（图 4-6）。

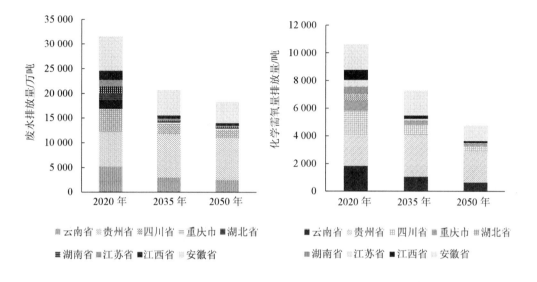

图 4-6　长江经济带煤炭污染物排放量预测

（2）金属矿产排放量预测

在长江经济带金属矿产资源开发过程中，铁矿开采产生的工业废水排放量最多，其次为铝土矿。此外，在金属矿产的开采中伴随一定的重金属污染，重金属对土壤造成的污染具有累积性，是不可逆的。随着清洁生产技术的革新，以及非战略性金属矿产产量的削减，未来长江经济带金属矿产采选中各类重金属污染物的排放量将有所减少。

铁矿开发过程中，工业废水排放量大幅下降，化学需氧量排放量出现波动。预计远期铁矿开采技术将大幅提高，因此远期工业废水排放量将大幅下降。预计 2025 年、2035 年、2050 年长江经济带铁矿开采过程中的工业废水排放量分别为 2.9 亿吨、1.2 亿吨、7 728 万吨（图 4-7）。

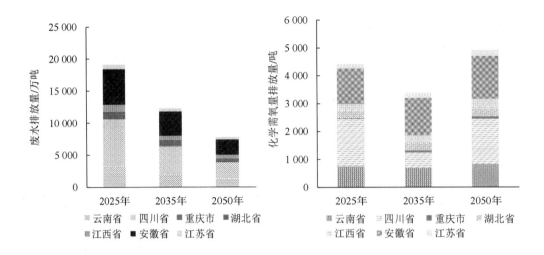

图 4-7 长江经济带铁矿污染物排放量预测

铝土矿开发过程中，工业废水排放量有所上升，化学需氧量排放量增加，汞、镉、铅、砷等重金属污染加重。由于铝土矿开采技术单一，在远期较难有技术突破，受其技术因素制约，铝土矿开发造成的污染将加重。预计 2025 年、2035 年、2050 年长江经济带铝土矿开采过程中的工业废水排放量分别为 8 500 万吨、8 500 万吨和 1.01 亿吨（图 4-8）。

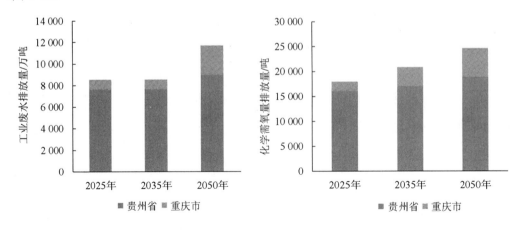

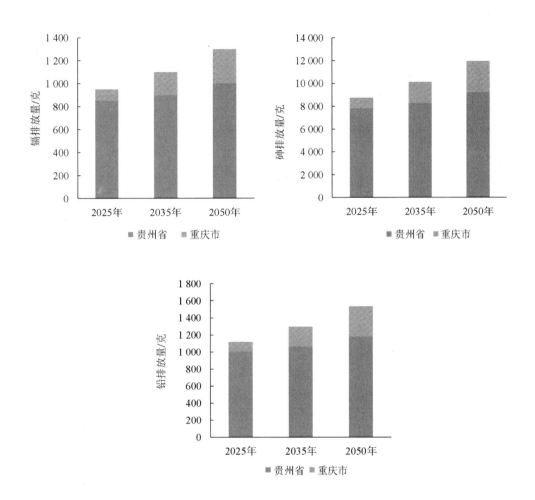

图 4-8　长江经济带铝土矿污染物排放量预测

铅锌矿开发过程中，工业废水排放量小幅下降，化学需氧量排放量出现波动，镉、铅、砷等重金属污染小幅减轻。国家鼓励开采铅锌矿，其开采规模的增加和开采技术的提高，使得铅锌矿在开发过程中的污染不断下降。预计 2025 年、2035 年、2050 年长江经济带铅锌矿开采过程中的工业废水排放量分别为 915 万吨、866 万吨和 639.5 万吨（图 4-9）。

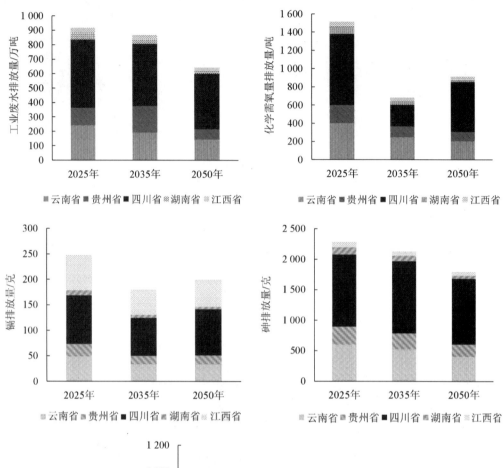

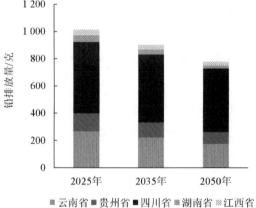

图 4-9　长江经济带铅锌矿污染物排放量预测

钨矿开发过程中，工业废水排放量大幅下降，化学需氧量排放量大幅减少，镉、铅、砷等重金属污染大幅减轻。钨矿作为国家战略性矿产，限制开采政策使得钨矿在开发过程中对环境造成的污染较小，且随着国家对钨矿的重视，其开采技术将不断提高，监管力度逐渐加强，超采得到有效遏制，污染物的排放量将大幅减轻。预计 2025 年、2035 年、2050 年长江经济带的钨矿开采过程中工业废水排放量分别为 55 万吨、20.7 万吨、14.26 万吨（图 4-10）。

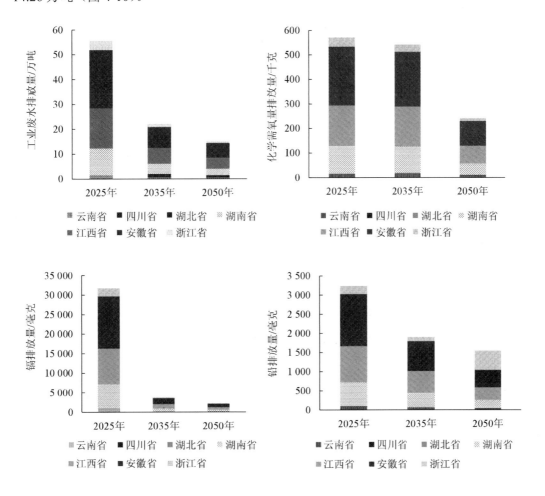

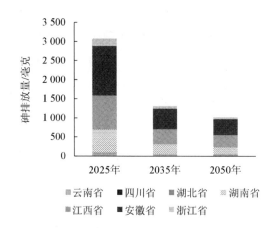

图 4-10 长江经济带钨矿污染物排放量预测

锡矿开发过程中，工业废水排放量呈现波动趋势，化学需氧量排放量小幅下降，汞、镉、铅、砷等重金属污染呈现波动，其中，镉污染在展望期内将有所增加。预计 2025 年、2035 年、2050 年长江经济带锡矿开采过程中的工业废水排放量分别为 39.9 万吨、34.8 万吨、39.0 万吨（图 4-11）。

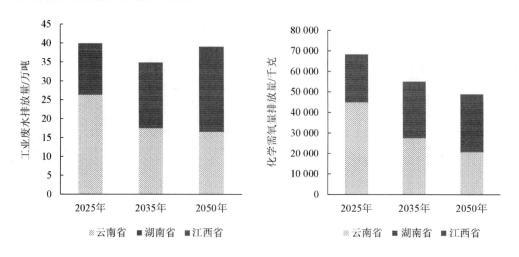

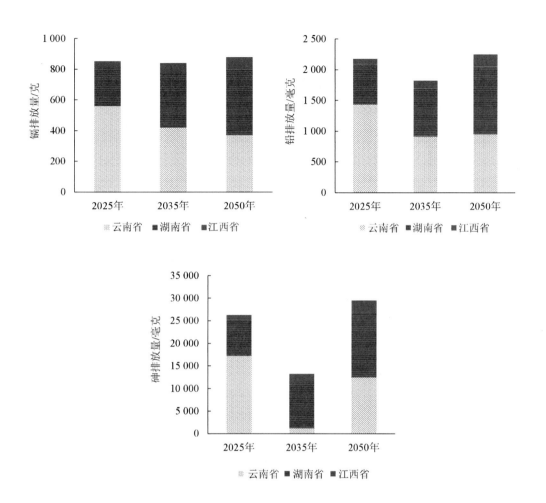

图 4-11 长江经济带锡矿污染物排放量预测

锑矿开发过程中，工业废水排放量呈现小幅下降，汞、镉、铅、砷等重金属污染有所缓解。预计 2025 年、2035 年、2050 年长江经济带钨矿开采过程中的工业废水排放量分别为 143.9 万吨、92.4 万吨、70.75 万吨（图 4-12）。

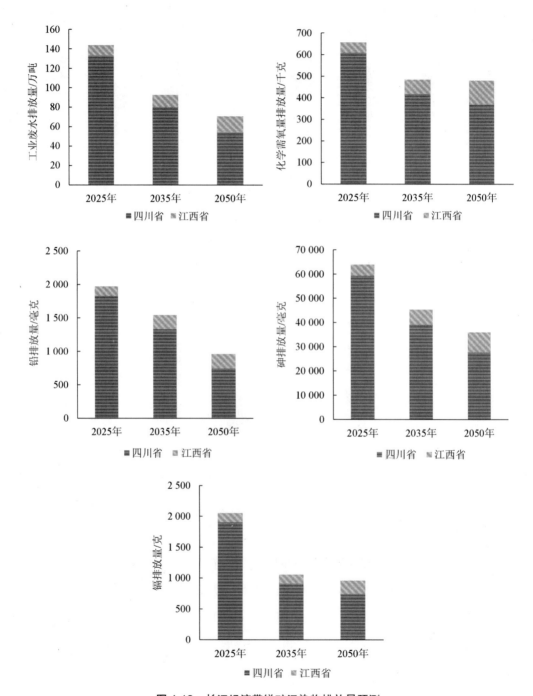

图 4-12 长江经济带锑矿污染物排放量预测

（3）非金属矿产排放量预测

非金属矿产采选的污染物排放量近期保持稳定，远期将大幅下降。受到地方发展规划的限制很难在短期内大幅削减非金属矿产的产量及其开采所产生的污染量。但从长期来看，石材等非金属矿产对国家发展的战略性意义弱，可替代性强，未来产量将会有所降低。

磷矿开采总量适当控制，污染物排放量总体呈下降趋势。长江经济带各省（直辖市）目前正在积极推进矿井水资源化利用，鼓励磷矿含悬浮物矿井水循环利用，废水的排放量将持续减少。并且随着小矿的关停，大型、中型矿山实现兼并和重组，磷矿产业的集中度将提高，单座矿山的生产规模扩大，单位产量的排污量将下降，各类污染物排放量将显著减少。预计 2025 年、2035 年、2050 年，长江经济带磷矿采选的工业废水排放量分别为 6 346 万吨、5 780 万吨、5 766 万吨；化学需氧量排放量分别为 2.75 万吨、1.59 万吨、1.56 万吨。在空间布局上，这些排放主要来自未来的产磷大省——贵州省和云南省，两省产磷所排放的污染物量将占整个长江经济带的 70% 左右（图 4-13）。

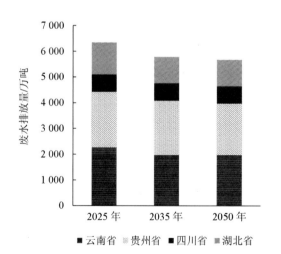
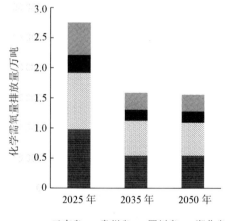

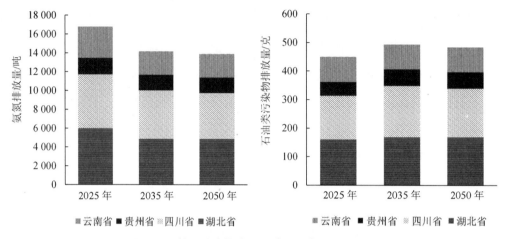

图 4-13　长江经济带磷矿开采的污染物排放预测

其他非金属矿产的污染物主要以固体废物为主，未来呈下降趋势。如图 4-14 所示，未来长江经济带 11 省（直辖市）及青海省超过 90%的非金属矿产开采产生的固体废物来自石材产业。而石材既非战略性矿产，又对生态环境的影响较大。因此，在未来环保约束趋紧的预期下，除非实现石材开采绿色环保技术的重大革新，否则石材开采总量将持续削减，产生的固体废物也将大幅减少。预计 2025 年、2035 年和 2050 年，长江经济带 11 省（直辖市）及青海省的非金属矿产固体废物分别为 12 000 万吨、7 700 万吨和 6 000 万吨。其中，近 1/3 将来自安徽的水泥用灰岩开采。

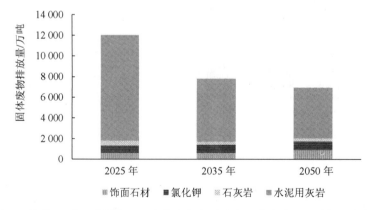

图 4-14　长江经济带 11 省（直辖市）及青海省非金属矿产（除磷矿）开采的固体废物排放预测

2. 自然保护区内矿业权实现有序退出，生态系统功能逐渐修复

自然保护区指对代表性的自然生态系统、珍稀濒危野生动植物物种的天然集中分布区、有特殊意义的自然遗迹等保护对象所在的陆地、陆地水体或者海域，依法划出一定面积予以特殊保护和管理的区域。

矿产资源开发活动会对自然保护区内的生态环境产生重大影响，具体表现为以下几个方面：第一，对区域内动植物的生存环境造成影响和破坏。在矿山企业的建设和生产过程中，爆破、挖掘会使表层植被遭到破坏、土壤原有结构受到扰动、动植物的生存空间和条件受到压制，同时若矿区周围有河流，建设行为和废水排放将对水生生物的栖息地造成影响。第二，在矿山运营过程中，爆破、开采、运输所产生的噪声以及各类大气污染物、生活垃圾的排放，会进一步对本已脆弱不堪的生态环境造成威胁，造成动植物发育不良、机能退化、繁殖能力下降、抗病能力减弱等问题，导致区域内生物种类的减少和数量的下降。

长江经济带 11 省（直辖市）及青海省根据《矿产资源总体规划》及其环境影响评价对矿业权和自然保护区重叠的区域通过矿业权退出机制进行治理，还自然保护区一片和谐美丽。

对国家级以及省级划定的重点开采规划区块的采矿权，符合规划要求的可予以保留；布局不合理的可按照规划管理要求进行调整和整合；新设采矿权、已设拟调整范围或整合的采矿权，应按照《矿产资源总体规划》颁布的重点矿区、限制开采区、禁止开采区块设置，在自然保护区内的要明令退出与禁止开采。根据"省级划定，市县落实"的要求，市县级规划应将省级规划划定的开采规划区块落实到具体的空间位置，作为采矿权管理的依据。

长江经济带 11 省（直辖市）及青海省有重点矿区 306 个，限制开采区 364 个，禁止开采区 1 138 个，自然保护区 1 087 个，已退出的矿业权数量达 342 个（表 4-10）。

长江经济带 11 省（直辖市）及青海省《矿产资源总体规划》实施后，部分重点开采规划区、限制开采规划区与自然保护区重叠的已退出和合理布局。

表4-10 长江经济带 11 省（直辖市）及青海省区块分布与退出数量

地区	重点矿区	限制开采区	禁止开采区	自然保护区	矿业权退出数量/个
上海市	0	0	0	4	0
江苏省	15	49	107	30	11
浙江省	5	21	25	32	13
安徽省	15	12	13	104	21
江西省	37	41	110	200	8
湖北省	42	110	105	65	17
湖南省	58	27	152	129	36
重庆市	20	51	86	57	36
四川省	7	12	4	167	38
贵州省	27	11	236	129	52
云南省	48	15	224	159	52
青海省	32	15	76	11	58
总计	306	364	1 138	1 087	342

依照长江经济带 11 省（直辖市）及青海省矿产资源开发利用规划图与该区域的自然保护区规划图进行 GIS 叠加分析，预测《矿产资源总体规划》实施后长江经济带未来的生态环境影响。

国家级以及省级自然保护区重叠的矿区，应与相关单位进行协商，应进行边界核定和布局调整，在制定矿产资源规划时，应避让国家级、省级的自然保护区，避免与自然保护区重叠。对于邻近自然保护区的矿区，也应在规划环评中对可能造成的生态环境影响进行深入分析，并提出具体的解决、减缓措施。

3. 地质灾害防治形势依然严峻，矿业城市人居安全隐患仍存在

依据《中华人民共和国地质灾害防治条例》（国务院令 第 394 号）、《地质灾害防治管理办法》（国土资源部令 第 4 号）、各省（直辖市）《地质灾害防治管理办法》，对长江经济带11 省（直辖市）及青海省地质灾害易发程度进行四级划分：不易发区、低易发区、中易发区和高易发区。

由于地质构造和资源开采等原因，长江经济带地质灾害易发，在各类地质灾害中崩

塌、滑坡及地面塌陷、地裂缝、地面沉降等对周围生态环境的影响最为突出。目前，长江经济带 11 省（直辖市）及青海省共划出地质灾害 142 处高易发区、106 处中易发区、101 处低易发区，10 处不易发区。各省（直辖市）易发区状况见表 4-11。

表 4-11　长江经济带 11 省（直辖市）及青海省易发区状况

单位：处

地区	高易发区	中易发区	低易发区	不易发区
上海市	0	1	1	0
江苏省	3	0	3	0
浙江省	5	7	8	0
安徽省	8	5	8	0
江西省	40	17	18	5
湖北省	13	9	7	1
湖南省	34	10	10	0
重庆市	6	13	14	3
四川省	14	9	5	1
贵州省	5	5	2	0
云南省	6	14	10	0
青海省	8	16	15	0
总计	142	106	101	10

根据上述内容和长江经济带 11 省（直辖市）及青海省易发区状况以及《全国地质灾害防治"十三五"规划》建设地质灾害重点防治区，自西向东有滇西横断山高山峡谷泥石流滑坡重点防治区、青藏高原东缘泥石流滑坡崩塌重点防治区、云贵高原滑坡崩塌地面塌陷重点防治区、鄂西湘西中低山滑坡崩塌重点防治区、湘中南岩溶丘陵盆地地面塌陷滑坡重点防治区、浙闽赣丘陵山地群发性滑坡重点防治区、长江三峡库区崩塌滑坡重点防治区、长江三角洲及江浙沿海地面沉降重点防治区 8 个重点防治区。

长江经济带 11 省（直辖市）及青海省对地质环境都有不同的治理，并取得了一些成效，但矿产资源开发对地质环境的影响严重，地质灾害防治形势依然严峻。随着长江经济带矿产资源的开发利用，可能会造成地质灾害隐患向地质灾害的转变，但是通过建设重点防治区域，能够对环境污染进行治理以及实施相应的工程措施予以控制。总体来说，在未来随着矿业权的有序退出，受矿产资源开发影响的地质灾害会有所减少。预计2025 年长江经济带 11 省（直辖市）及青海省的总地质灾害数量下降到 5 716 处，高易发区减少到 116 处，中易发区减少到 86 处，低易发区减少到 87 处；2035 年总地质灾害数量下降到 5 009 处，高易发区减少到 86 处，中易发区减少到 62 处，低易发区减少到65 处；2050 年总地质灾害数量下降到 4 228 处，高易发区减少到 38 处，中易发区减少到 29 处，低易发区减少到 30 处（表 4-12）。

表 4-12　长江经济带 11 省（直辖市）及青海省地质灾害数量预测

单位：处

灾害种类	2016 年	2025 年	2035 年	2050 年
崩塌	887	788	657	523
滑坡	1 280	1 097	945	748
泥石流	446	398	323	195
地面塌陷	1 993	1 896	1 819	1 687
地面沉降	297	265	198	165
地裂缝	988	885	763	658
矿坑突水	401	372	296	252
其他	19	15	8	0
合计	6 311	5 716	5 009	4 228

推进矿产资源开发与生态环境保护相协调的
策略与措施

　　长江经济带是我国三大区域经济战略之一，该区域内丰富的清洁能源矿产（如页岩气、地热等）、黑色金属矿产（如钒、钛等）等多种有色金属矿产以及战略性新兴矿产（如稀土、锂等）在全国占有重要地位，是我国资源安全保障的核心区域。长期以来，该流域矿产资源的开发与利用为我国区域经济增长发挥了重要的作用，但与此同时也造成了如矿区和矿业园区环境污染负荷加重，矿区生态系统破坏严重，矿区、矿业园区和矿业城市人居环境风险日益严峻等突出问题。在长江经济带矿产资源开发上，为解决矿产资源开发存在的重大生态环境问题，必须以"共抓大保护、不搞大开发"为导向，保持矿区生态系统稳定、改善矿区生态环境和保障流域人居安全等为目标，协调好发展与底线的关系，强化空间、总量、环境准入管理，优化矿业勘查开发空间布局，推动矿业城市产业转型升级，推广矿业勘查开发先进技术，推进矿产资源节约与综合利用，完善流域矿产资源开发生态补偿机制。

一、加强重点矿区水土污染管控，实行严格的环境保护制度

重点矿区是把具有区域优势的特色矿产或者战略性的矿产作为主要矿产，其圈定的资源储量大，具有优越的资源条件、较好的开发利用基础，是大型的矿产地、矿集区，并且在全国资源开发中起了重要作用。重点矿区对执行规划的控制、计划投放以及准入退出制度严格把控；在建设过程中要提高准入条件，减少对生态保护区内生态系统的扰动，注重区内生态保护红线。

1. 严格控制重点矿区内各类活动的废水和固体废物排放

针对长江经济带 11 省（直辖市）及青海省 306 个重点矿业集聚区，严格控制重点矿区内各类活动的废水和固体废物排放，确保各类污染物的排放满足排放标准，从源头上遏制矿区和矿业园区水环境和土壤污染。

（1）严格控制在重点矿区内各种活动所产生的废水排放

根据《污水综合排放标准》，依据污水排放的流向，按照年限划分了 69 种水污染物允许排放的浓度最高值以及部分行业中最高准许排放量。同时明确规定了部分行业的准许排水量重复利用率的最低标准，其中矿山工业有色金属系统的利用率最低，为 75%，其他矿山在采选矿和选煤等利用率最低，为 90%，有色金属冶炼及金属加工水最低标准为 80%。在勘查开发矿产资源的过程中，其主要产生的废水有采矿废水、选矿废水、废石淋溶水、尾矿渗滤液、气田作业废水和生活污水。对于地下开采方式所产生的废水，可在井下沉淀后直接用于湿法凿岩和井下降尘，循环使用；对将排出地表的废水可在沉淀后结合实际情况尽量综合利用，仍然无法利用的采矿废水要在采矿场设置沉淀池，经沉淀处理达标后排放。露天开采方式产生的矿坑疏干水和施工开采坑道水，因为其产生污水受污染程度较轻，所以在经过沉淀处理之后可以在露天采矿区洒水、公路洒水等。选矿废水（含尾矿库澄清水）应该做到循环使用，努力实现闭路循环，而没有实现循环利用的废水排放前应处理至达标水平。应采取预先截堵水，修筑排水沟、引流渠、排水

隧道等技术措施来减少采场、废石场、尾矿库等场地汇水面积，相应减少废水产生量。对非正常情况下的废水排放，要根据选矿废水产生的情况，设置相应容量的事故水池，防止回用系统出现故障以及废水直排进入地表水的情况发生。对于矿区酸性废水，应建立废水收集系统，鼓励有价金属回收，鼓励废水循环利用，外排废水时应达标排放，沉淀处理法和氧化还原法可作为矿山酸性废水的有效处理方法。对于废石淋溶水和尾矿渗滤液，需要减少其产生量，因此应在废石场周围建立导流渠以及集排水等设施。为了减少降水量进入尾矿堆体，需要在尾矿库的上游以及两侧设置拦洪渠设施，同时在尾矿库坝建立滤液的收集池，收集后的水可以用于选矿，严禁直排。总之，矿山企业需要提高生产废水回用率，减小生产废水外排，矿产资源开发时尽量做到采场、选场及尾矿库一并建设、使用，通过"采、选、尾"生产用水、排水之间的相互调节，尽量做到矿山企业生产废水"零排放"。

（2）严格控制重点在矿区内进行各类活动所产生的固体废物排放

矿产开发利用是产生大量废石和尾矿的过程，主要由矿产资源的禀赋特征决定，我国的矿山废石排放量相对于尾矿排放量较多，两者的数量均较大。我国废石排放量的68.32%和尾矿数量的62.66%大多集中在江西省、河北省、辽宁省、新疆维吾尔自治区、云南省、内蒙古自治区、山西省和四川省8个省（自治区）。这些区域将作为处理尾矿和废石，以及保护和合理利用资源的重点区域。我国矿种的废石排放强度从高到低依次为钼矿（835.71）、钨矿（185.22）、铜矿（158.63）、铝土矿（129.09）和铅矿（112.66）；我国矿种尾矿排放从高到低依次为钼矿（496.1）、钨矿（238.06）、锡矿（119.89）、稀土矿（43.95）和铜矿（43.18）。统计矿业固体废物的大数据表明，将减产化、无害化和资源化等措施应用于我国尾矿、废石处理处置，同时要对其进行分类工作、加强保护以及合理利用先进科学技术和标准化工作。矿山地质环境所面临的最主要的问题就是固体废物堆积，固体废物主要包括煤矸石、粉煤灰、剥离废弃物、废石（渣）、尾矿库等。固体废物堆积所导致的环境效应主要有风化扬尘污染、淋滤次生污染、边坡稳定、占地等。在对矿种采集过程中所产生的大量废石堆、尾矿库以及废弃工业场地，应将排、蓄相结合，排废水、拦矿渣、综合利用，从而有效解决"三废"（废气、废水、废渣）

污染。大力利用高新科技，加大投资力度，以便更有效实现固体废物减量化、资源化和无害化。

2. 分矿种实施差异化的水土污染管控措施

针对金属矿产、能源矿产及非金属矿产等不同类型的矿产资源开采活动采取差异化的管控措施：①金属矿产：对矿区内重金属污染的源头加强防控；②能源矿产：妥善处置能源矿产尾矿及废石、废渣堆放问题；③非金属矿产：加强对开采过程中影响和破坏的土地进行全面恢复与治理。

针对有色金属重点矿业集聚区，加快推进湖北省黄石市、湖南省株洲市等 69 个重金属污染防控重点区域整治工程。为了使有色金属行业污染防治能有效实施，有关生态环境部门加快有色金属工业污染物排放标准的制定。2010—2011 年发布了《铝工业污染物排放标准》（GB 25465—2010）、《铅、锌工业污染物排放标准》（GB 25466—2010）、《铜、镍、钴工业污染物排放标准》（GB 25467—2010）、《稀土工业污染物排放标准》（GB 26451—2011）、《钒工业污染物排放标准》（GB 26452—2011）、《镁、钛工业污染物排放标准》（GB 25468—2010）6 项污染物排放标准。在政府的支持下，环境监管保护以及治理的力度都在加强。在监管方面，按照国家制定的环境保护标准，对工业、农业的生产过程加强监管，在有关企业进行矿产资源生产以及开发活动对产生的排放物及周围环境质量进行污染物检测和专项执法检测，同时对治理、处理和存储设施进行管理，加强治理。在环境没有受到污染的区域设置严格的产业环境准入条件，对没有受到污染的土壤加大保护力度，主要是严格控制在农业生产过程中污水的灌溉及污泥的使用，从而防止对耕地和水源地的污染。在治理方面，对被污染的耕地进行分类管理，将农艺调控、非粮作物修复等措施应用于被重金属轻度污染的土壤，从而保证耕地的生产安全，按照利用价值，利用物理修复、化学修复或调整种植结构、退耕还林（草）等措施应用于被重金属重度污染的土壤。在产业促进方面，积极配合国家有关部门和研究机构开展区域重金属污染修复与综合治理试点示范，鼓励地方企业转让和转化重金属污染土壤治理相关科技成果，引导和鼓励企业投资土壤保护及综合治理，鼓励企业开展修复技术装备领域的研发，实施土壤污染治理工程，支持土壤修复产业发展。与此同时，促进重金属污染治理综合示范区建设，以成熟的科学技术成果为规模化工程示范的基础，以污染土地的安全利用为目的，生态、经济及社会相统一，合理建设污染修复技术体系以及综合性试验示范区，构建土壤重金属污染修复的展示平台，主要包括网络化监测体系、公共检测的建设、中试服务系统以及各类集成技术成果的展示。在该工作中，集成创新并展示与地区相适应的系统解决方案，建立具有全国影响力的示范样板，由点及面，加强和引领全国重金属污染的土壤的治理修复工作。

对于云南省"三江并流区"铅锌矿开采的重金属污染采取如下治理方案。

（1）换土处理

采取换土法处理重金属污染的土壤，主要更换的污染土壤是原耕层的，土壤厚度约为 30 厘米，更替的土壤应满足《土壤环境质量标准》（GB 15168—1995）二级标准。

（2）淋洗处理

利用物理分离和化学淋洗集成技术。物理分离技术是利用简单的粒径分离，在水流的作用下采用水力分选和摩擦分选。化学淋洗技术是使用化学淋洗液，如乙二胺四乙酸（EDTA）溶液、盐酸等化学萃取剂，对土壤进行循环淋洗。

（3）植物修复

在重金属污染的田地，可种植桉树，不仅可减少重金属含量，而且能够产生经济效益。对重金属污染的土壤利用植物修复，不仅避免种植食用植物，还减轻了木材资源的压力。种植植株行距 2 米×3 米，种植穴面 60 厘米×60 厘米，穴深 50 厘米，穴底 40 厘米×40 厘米。

对于湖南省湘江流域有色金属采选造成的镉污染问题采取如下治理方案。

（1）淋洗处理

配一定浓度的氯化铁（$FeCl_3$）水溶液，混合搅拌一定液固比例与污染土壤，过滤，在进行过滤时，用蒸馏水润洗土壤，去除土壤表面残留的淋洗液，将过滤后的土壤用恒温箱烘干。

（2）客土处理

将表土去除 15 厘米，并添加新土压实，在连续淹水的前提下，其所产稻米中的镉含量小于 0.4 毫克/千克；将表土去除后再覆客土 20 厘米，间歇灌溉水稻，其所产稻米的镉含量也没有超标；客土超过 30 厘米，效果更佳。

（3）农业处理

对于水稻、玉米、小麦、大豆等农作物应根据土地情况来进行种植。水稻根系吸收的重金属占整个作物吸收量的 58%～99%，玉米茎叶作物吸收的重金属占整个作物吸收量的 20%～40%。

对于江西省赣江流域有色金属开采导致的铬、铜污染采取如下治理方案。

（1）动物处理

通过养殖贝类、甲壳类、环节动物以及一些优选的鱼类等水体底栖动物（如河蚌、三角帆蚌等），将水体中的重金属污染净化。

（2）植物处理

利用耐重金属植物或者超积累植物（如凤眼莲）降低重金属活性，进而减少镉（Cd）、铬（Cr）、铜（Cu）等在水体中的迁移量，降低污染水平。

（3）物理处理

利用液膜处理法进行物理处理。液膜主要由溶剂、添加剂以及表面活性剂制成。利用支撑液膜的方法，去分离电镀洗水中的铜（Cu）、锌（Zn）、铬（Cr）离子，每种重金属分别利用特定的载体来回收。

针对云南省、湖南省、江西省等地稀土、钨矿、锡矿、锑矿等优势重点矿区，对开采总量以及强度管理要严格落实，杜绝一切矿产资源超采行为。尤其是稀土等对环境影响突出且经济地位较高的高科技矿种，一方面要加强技术研发，鼓励采用"混合型轻稀土资源清洁高效提取"技术，减少稀土提取中的"三废"排放；另一方面，要严把准入关，加强对稀土行业的开采规模、资源利用水平的监管。稀土行业开发指标及要求见表 5-1。

表 5-1　稀土行业开发指标及要求

指标	要求
生产规模	混合型稀土应该不少于 20 000 吨/年的生产规模（以氧化物计，下同）；氟碳铈应该不少于 5 000 吨/年的生产规模；离子型稀土应该不少于 500 吨/年的生产规模。同时，禁止开采单一独居石矿。 企业使用混合型稀土、氟碳铈矿以及离子型稀土矿的独立冶炼分离的生产规模应分别不低于 8 000 吨/年、5 000 吨/年、3 000 吨/年
资源利用	采矿的损失率和贫化率不能超过 10%的有混合型稀土矿、氟碳铈矿，对于选矿回收率针对一般矿石需在 75%以上（含，下同），针对低品位、难选冶稀土矿石需达到 65%以上，对于循环利用率的生产用水需达到 85%以上。 离子型稀土矿，其采矿、选矿的综合回收率应该在 75%以上，其用于生产的水循环的利用率应该在 90%以上。 关于混合型稀土矿与氟碳铈矿的冶炼分离，从稀土精矿冶炼到混合稀土冶炼，再到单一或富集稀土化合物，稀土总收率应该分别大于 92%和 96%；关于离子型稀土矿的冶炼分离，从混合稀土冶炼到单一或富集稀土化合物，稀土总收率应该大于 94%

针对贵州省煤炭开发利用效率低、煤质较差的问题，应严格遵守贵州省下发的《省人民政府办公厅关于印发贵州省 30 万吨/年以下煤矿有序退出方案的通知》，对于煤矿开发量 30 万吨/年以下的煤矿，根据兼并重组已批关闭、已批保留以及没有明确处置意见的实施方案进行分类处理。对已经审批关闭的煤矿，其相关证件到期后，不再办理延续；对于已经审批保留，但没有取得 30 万吨/年及以上的，对其初步设计以及安全设施的设计批复的煤矿，暂停生产，开展拟预留矿区范围、地质勘探、储量备案登记、初步设计和安全设施审查、更新改造系统。生产系统在 30 万吨/年及以上建成并符合设计规范，在验收合格之后，投入生产。对于未明确处置意见的煤矿，没有获得批复的，自动退出淘汰；获得批复的，根据前述已批关闭煤矿或已批保留煤矿进行处置。此外，贵州省煤炭的含硫量较高，开发效益不好的，会严重影响省内生态环境，位于生态脆弱与敏感区域的煤矿要坚决关停。

针对川南地区、重庆市等地页岩气储量丰富但目前经济技术条件下难以利用的重点矿区，实行保护性战略储备。并且，由于在页岩油气开发利用的过程中会导致多种环境风险，资源环境被破坏将很难修复，所以需要进行源头治理和风险预防。首先，依据页岩油气开发工艺的流程，收集相关环境要素的基础数据，找出在开发过程中可能会导致生态环境污染的风险点源，并对页岩油气开发以及使用水力压裂法导致的环境质量的影响进行合理的分析、预测和评估。另外，应该谨慎地对待页岩油气的开发，防止形成开发后污染，最后进行治理的路线。其次，应该专门构建在开发利用过程中环境影响的特殊致害机理的制度。主要包括：第一，在石油和天然气钻井项目中，水力压裂法是页岩油气开发的核心技术方法，对于该技术方法的使用应该专门立法，主要形式可以通过细致的环境标准和监管标准；第二，在开发过程中使用的材料进行专门规范，例如页岩气井套管、压裂液体的材料、规格和成分等；第三，针对开发准入、排放废水的标准、排放有害空气的标准、检测环境和应急突发环境问题的预案等出台专门立法。再次，我国政府支持制定页岩油气资源开发优惠政策，与此同时，需要对现有法律法规，例如水、空气、土地、环境保护等方面的法律法规，以及现有的开采技术的政策等进行适应性研究，加强公众的参与和监督责任，增强环境保护。以不影响当地居民、工农业用水以及动植物生态需水等为原则，防止开发过程中造成潜在的污染因素。最后，应实施预防措施，制定预备方案。由于在页岩油气勘探与开发过程中会产生很多不确定的风险，为了降低风险的发生，做到早发现、早处理、及时解决，进而减少突发事件发生的频率，制定可操作性的预防方案。例如，在开采过程中会有甲烷泄漏等风险，应该制定对应的预防方案。

针对上游岷江、沱江流域、贵州省乌江流域、湖北省香溪河磷矿采选所导致的总磷超标的问题，应该加强采选和源头治理，阻止局部地区水质进一步恶化。对在贵州省、湖北省总磷污染排放重点地区的矿山企业施行措施，向排污超标、治理污染措施不力的企业提出限期整改，加强贵州省大型矿业企业的污水回抽处理能力建设，加大在磷石膏渣场的监管力度，更新改造企业的废水处理设备。针对湖北省宜昌市，贵州省遵义市、黔南布依族苗族自治州、黔东南苗族侗族自治州，四川省德阳市、乐山市、绵阳市等区域，对生产力小于 50 万吨/年的磷矿进行整改或关闭，增强磷石膏的利用，增强废水的末端治理。对贵州省息烽县、瓮安县、开阳县等尾矿库危库、险库进行彻底整改，对未按要求治理或者未经批准就回采尾矿的企业进行严肃处理。要根据各地实际情况有针对性地采取治理矿山废气、废水等措施，排放物要严格控制，排放物的标准必须在国家制定标准范围内。通过资源税改革、出口配额以及持续的生态环保督查等措施，加速磷矿石产业的优化升级，对于落后的生产能力实行淘汰政策，严格把握环境准入条件，对产能的增加设置限制。加强对磷矿的管理，制定科学的磷矿开发、磷化工的发展规划，合理布局磷矿产业。加速整合磷矿资源与矿山开发，加强磷矿整装勘查与开发，优化资源配置，使磷矿向大型、优势磷化工企业进一步集中，有效提高磷矿的开发水平，遏制乱开滥采现象，改善磷矿开发小、散、乱的局面。

3. 分区域实施差异化的生态环境保护与修复

由于各省级行政区的主要开发利用的矿产资源不同，对环境所造成的影响也不尽相同，因此对于不同省级行政区、不同区域要实行差异化的生态环境保护与治理修复（表 5-2）。

表 5-2 长江经济带 11 省（直辖市）及青海省矿产资源重点治理区域

地区	省级 行政区	区域	治理任务
长江 上游	青海省	西宁地区矿区、海东地区矿区、环青海湖地区矿区、海西地区矿区、处于自然保护区中的历史遗留矿山地区	地表植被破坏、草地退化、水土流失、水源涵养能力降低、矿山废水造成水土环境的污染，抑制矿区植被生长等
	云南省	昆明市东川片区、安宁片区、红河哈尼族彝族自治州个旧片区、曲靖市会泽县者海片区、金平片区、陆良县西桥片区、文山壮族苗族自治州马关县都龙南捞片区、文山市马塘片区、保山市腾冲市滇滩河片区、玉溪市易门片区、怒江傈僳族自治州兰坪片区	矿山废水及土壤重金属危害、滑坡、地面塌陷、矿区地下水疏干、水质恶化、土地资源被破坏等
	贵州省	毕节市、六盘水市、黔南布依族苗族自治州和遵义市等地煤矿、磷矿和锰矿区	滑坡、泥石流等地质灾害、水体及土壤污染治理、地表植被破坏
	四川省	川东北、龙门山、攀西、川南、川西北等地区	水土流失、土地沙化、石漠化、泥石流、滑坡、崩塌、土地资源被破坏、地表植被被破坏等
	重庆市	奉节县、巫山县、开州区、忠县、石柱土家族自治县等煤矿区；城口县、秀山土家族苗族自治县锰矿区；石柱土家族自治县、黔江区铅锌矿区；彭水苗族土家族自治县、黔江区萤石重晶石矿区；大足区、铜梁区锶矿区；涪陵区页岩气矿区；主城及近郊区建材及非金属类矿区等地区	滑坡、水体污染、泥石流等地质灾害及土壤污染治理、地表植被破坏等

地区	省级行政区	区域	治理任务
长江中游	湖北省	国家级、省级重点矿区的大中型老矿区	崩塌、滑坡、地面塌陷，地面沉降等
	湖南省	煤矿、锰矿、石膏等矿区和独立工矿区	滑坡、崩塌、地面沉降、地面塌陷、地下水位下降、泥石流，水体污染
	江西省	"三区两线"区域内、赣南等原中央苏区的矿山、国有老矿山和责任主体灭失的历史遗留矿山地质环境问题严重的区域	土地复垦、植被恢复，露天采场边坡治理和矿山地质灾害防治
长江下游	安徽省	淮北煤矿区矿山、淮南煤矿区、滁州市—巢湖市—安庆市矿山、铜陵市—马鞍山市—池州市地区	煤矿采煤塌陷区综合治理；占用破坏土地资源治理；露采矿山的崩塌、滑坡，泥石流灾害综合治理
	江苏省	苏南地区禁采区（带）和其他地区"三区两线"区域	爆发的灾害隐患，突出的土地环境破坏
	上海市	无	无
	浙江省	衢江上方、兰溪市灵洞乡、富阳山大山顶、常山县辉埠镇、诸暨市枫桥镇	矿山废水及土壤重金属危害、地表水氟离子污染物超标，土地资源与地表植被破坏等

（1）长江上游地区

青海省主要以西宁地区矿区海东地区矿区、环青海湖地区矿区、海西地区矿区和处于自然保护区中的历史遗留矿山地区为主要修复治理区域。主要任务为修复治理被破坏的地表植被、退化的草地、流失的水土、水源涵养能力降低、矿山废水造成水土环境的污染抑制矿区植被生长等环境问题。

云南省主要治理区域为昆明市东川片区，红河哈尼族彝族自治州个旧片区、安宁片区，曲靖市会泽县者海片区、金平片区，文山壮族苗族自治州马关县都龙南捞片区，文山市马塘片区，陆良县西桥片区，玉溪市易门片区，保山市腾冲市滇滩河片区，怒江傈僳族自治州兰坪片区等地的矿区。主要治理任务为矿山废水及土壤重金属危害、滑坡、矿区地下水疏干、恶化的水质、地面塌陷、土地资源被破坏等。

贵州省主要以治理煤矿区、磷矿区和锰矿区为主，分布于毕节市、六盘水市、黔南布依族苗族自治州和遵义市等地。主要治理任务为滑坡、泥石流等地质灾害、水体及土壤污染治理、地表植被破坏等。

四川省主要以在川东北、龙门山、攀西、川南、川西北等地区的矿区为重点治理区域，主要治理任务为水土流失、石漠化、土地沙化、泥石流、崩塌、滑坡、土地资源被破坏、地表植被破坏等。

重庆市主要以奉节县、忠县、开州区、巫山县、石柱土家族自治县等煤矿区，城口县、秀山土家族苗族自治县锰矿区，石柱土家族自治县、黔江区铅锌矿区，彭水苗族土家族自治县、黔江区萤石重晶石矿区，大足区、铜梁区锶矿区，涪陵区页岩气矿区，主城及近郊区建材及非金属类矿区等地区为主要治理区域。主要治理任务为地表植被破坏、滑坡、崩塌、地裂缝、地面塌陷、矿坑突水、地下水资源枯竭、矿山废水综合利用、植被修复等。

（2）长江中游地区

湖南省重点开展治理区域为煤矿、锰矿、石膏等矿区和独立工矿区。主要修复治理任务为滑坡、地面塌陷、地面崩塌、地下水水位下降、沉降、泥石流、水体污染等。

湖北省主要以国家级、省级重点矿区的大中型老矿区为重点环境治理修复区，主要治理任务为崩塌、地面塌陷、滑坡、地面沉降等。

江西省主要以国有的老矿山以及相关责任主体灭失所导致的一系列历史遗留环境问题严重的区域为重点治理区域，还包括"三区两线"（重要自然保护区、景观区、居民集中生活区的周边和重要交通干线、河流湖泊直观可视范围）区域内以及赣南等原中央苏区的矿山。治理任务主要为矿区植被的恢复、土地复垦、露天采场边坡的治理和矿山地质灾害的防治等。

（3）长江下游地区

安徽省主要以淮北煤矿区矿山、淮南煤矿区、滁州市—巢湖市—安庆市矿山、铜陵市—马鞍山市—池州市地区为重点治理区，主要修复治理任务为综合治理采煤塌陷区，治理被占用和破坏土地资源，以及综合治理矿山的崩塌、泥石流、滑坡等灾害。

江苏省主要以苏南地区的禁采区（带）和其他地区"三区两线"区域内的矿区为重点治理区域，主要解决矿区内的爆发的灾害隐患，以及突出的土地环境破坏。

浙江省主要以衢江上方、兰溪市灵洞乡、富阳山大山顶、常山县辉埠镇、诸暨市枫桥镇等地的矿区为重点治理区域，主要治理任务为矿山废水及土壤重金属危害、地表水氟离子污染物超标、土地资源与地表植被破坏等。

此外，构建三峡库区绿色生态环境保护带以保护库区生态环境。生态屏障区除地热、矿泉水外，严禁新建、扩建各类矿山企业；对于已经建设的矿山实行逐步退出措施，同时进行生态环境恢复治理。各类矿山的生态环境增强监测，确保"三废"治理和排放完全达标；严禁采矿、选矿生产中的氰化物、砷、汞、铅、镉等有毒物和重金属污染物进入库区水体；严禁向长江及其支流倾倒固体废物。

4. 加强历史遗留矿山的环境治理

按照《土地复垦条例》《土地复垦条例实施办法》《历史遗留工矿废弃地复垦利用试点管理办法》的要求，增强顶层设计，制定历史遗留损毁采矿用地复垦为耕地的差别化目标。对于差异明显的采矿用地区域，需要对这些区域进行准确的功能定位和目标界定，预防"一刀切"现象发生。为实现资金的最佳效益，对复垦重大工程和重点区域实施更加有针对性和提高效益的政策。增强保护生态的力度，科学地建立采矿地的复垦项目管理制度，在复垦前应进行大量调研和方案制定，每项工程要充分结合生态化工程的设计与规划。加强公众参与度，向区域百姓介绍项目实行情况，广泛征求群众意见，加强民主性和透明度，维护和尊重群众利益，使项目决策更具有合理性与公平性。长江经济带11省（直辖市）及青海省的历史遗留矿山治理主要从以下四个方面开展。

（1）加强历史遗留矿山恢复资金管理

县级行政区人民政府在财政预算中，设立专项资金，为单独工矿废弃地复垦利用资金设立，同时纳入财政管理。建立市场调节机制，将用于工矿废弃地复垦与新增建设用地。两者挂钩，新建地的成本包括复垦中各类补偿费用及工程费用。利用前期复垦区的权力人的补偿费用、复垦施工费，各级相关政府部门从专项资金中先垫付，当作周转资金。获取建设用地挂钩指标之后，向用地单位收取建新区供应中费用，作为成本，首先归还其周转资金或启动资金。关于项目中的新建地，土地出让收益分配原则要明确，除返还政府垫付的部分，合理进行收益分配。

（2）探索历史遗留矿山恢复治理的市场化运作方式

制定协商议价政策，用地企业与相关的工矿废弃地复垦权力人自行协商复垦，所产生的新建地挂钩的指标应先给投资复垦的企业使用。对于搬迁及入园的企业，要自行复垦原来企业使用的建设用地，其新建地挂钩的指标可以让本企业先使用，其他结余的指标所收获的土地净收益全部还给复垦主体，支持拥有土地使用权的企业自行筹集资金，将工况废弃地进行复垦，可以在县级行政区政府试点，制定相关政策，并给予一定奖励等。

（3）明晰历史遗留矿山的产权认定

对工矿废弃地的所有权和使用权加以明晰，原则上工矿地复垦后的所有权人保持不变，县级、乡级行政区政府等明确具体使用权人。对废弃地上的附着物及建筑物的产权加以明晰，设定合理、合法的补偿标准和评估办法，对附着物及建筑物的产权进行合法评估和补偿。工矿废弃地存在不良资产的问题，各级政府及相关部门对于发现的工矿废弃地问题进行分析并合理处置。参照原国土资源部制定的《闲置土地处置办法》（国土资源部令 第 53 号），重新制定集体土地的《闲置土地处置办法》，规定强制收回无合法手续并拒绝交出复垦的闲置土地；规定对有合法手续但拒不交出的闲置土地按该办法规定的定额征收闲置费。

（4）建立提高农民福利的治理模式

积极探索为农民提高福利的复垦模式，复垦模式应反映农民的意见。建立政府出资进行复垦，农民自身也能获得资金进行复垦的模式，主要由政府为周边农村集体出资。农民自身没有复垦条件的，政府出资由村集体聘请专家对土地进行复垦，大大提高复垦的效率。对提高农民福利的治理有两方面的提议：一方面，建议将复垦后的土地交给农民使用，这样既有利于提高农民复垦的积极性，又能加快对闲置土地的复垦进度；另一方面，建议将未复垦的土地根据合法规定的比例留作村集体经济发展的建设用地，促进农村集体经济的发展。

二、优化空间结构，减少布局性风险

优化空间格局，搭建治理体系，联防联控，减少布局性风险。妥善治理因矿业项目引起的生态损坏和环境污染问题，严格矿产资源开发环境准入、从源头把控矿产资源分区分类管理。

1. 构建矿产资源开发空间治理体系

生态环境发展应遵照"资源开发可持续、生态环境可持续"和"生态优先、绿色发展"的原则，以"禁采区内关停、限采区内收缩、开采区内集聚"为标准，协调发展社会、经济和生态环境取得长足发展。

（1）落实主体功能区制度

《全国功能区规划》和《生态文明总体方案》是生态文明落地的重大举措，因地制宜，完善和落实主体功能区制度。长江上游的部分地区生态环境脆弱、海拔高度显著、地形陡峭、气候变化多端，限制或适当禁止开展大规模、高强度的矿产资源开发，以实现生态环境可持续发展的长远目标。基于此，生态脆弱的长江上游地区的能源和矿产资源的开发应从源头严格把控，将其划定为限制开发区或禁止开发区，加大保护力度，妥善治理历史遗留的矿山环境疑难问题（表5-3）。

表5-3　主体功能区矿山环境恢复和治理措施

措施	内容
增加投资	各级地方财政拓展资金来源，增加投资强度，大力支持因政策关闭经停的矿山及历史遗留的矿山地质环境问题
全民治理	遵照"谁治理、谁受益"的治理原则，打造"政府主导、政策支持、全民参与、开发式治理、市场化运作"的矿治理修复新体系
政策与资金	针对矿山整治修复与新农村建设、棚户区改造、生态移民搬迁、城乡建设用地增减挂钩等问题须统一整合安置，将政策与项目资金的双重支持形成合力，可对矿山治理修复起到显著成效。依据相关规定，因历史缘故造成耕地损害且无法修复的，补充相应耕地或调整耕地保有量

（2）全面实施矿产资源勘查开发环境保护准入管理

遵照"三线一单"（生态保护红线、环境质量底线、资源利用上线和生态环境准入清单）的保护原则。从法律层面强制实施矿产资源开发对生态环境的保护制度，兼顾国家产业政策、资源供需、规划方案以及资源环境承载力，源头把控矿产资源空间规划，统筹分区管控、总量控制和开采许可条件的管理，全面落实各省（自治区、直辖市）矿产资源总体规划提出的规划、资格、空间许可准入的责任。从开发源头严格明确矿产资源的开采边界、开采周期和可开采量。依照《产业结构调整指导目录》的要求，在矿山开采活动方面、生产规模大小、生产工艺流程上应有明确的参照范式。限制开采能耗大、污染重的矿产，最大限度地减少对环境的破坏。

（3）建立健全矿产资源勘查开发环境影响评价制度

严格遵循"源头控制"，有效落实矿产资源的环境影响评估，为矿产资源勘查开采的环境效应的治理修复工作提供的指导意见对新建、改建、扩建矿山的环境评估研究是非常有必要的，其中地质环境因素是制定矿产资源开发的环境评估研究中的重要内容。依据法律法规，统筹规划环境评价工作，确保规划协调一致性、勘查开发布局的合理性，预判资源勘查开采过程中产生的生态问题，验证规划中提出的环境保护措施的可操作性等，加强与规划方案的互动衔接，强化环境问题的源头预防。云南省主要矿产矿山开采规模和四川省矿产开发利用结构环境准入负面清单示例见表 5-4、表 5-5。

表 5-4　云南省主要矿产矿山开采规模准入负面清单

单位：万吨矿石/年

矿种	新建矿山开采规模	已有矿山开采规模
煤（原煤）	＜30（其中煤与瓦斯突出矿山 45）	＜9
铁（地下开采/露天开采）	＜10 或＜15	＜5
锰	＜5	＜2
钛	＜10	＜5
铜	＜6	＜3
铅、锌	＜10	＜3
钨	＜6	＜5
锡	＜6	＜3
锑	＜6	＜3
铝土矿	＜15	＜10
钼	＜6	＜3
镍	＜6	＜3
钴	＜10	＜3
镁	＜15	＜15

矿种	新建矿山开采规模	已有矿山开采规模
铋	＜15	＜15
汞	＜15	＜15
岩金（地下开采/露天开采）	＜9 或＜3	＜6 或＜3
银	＜10	＜3
铂族金属	＜10	＜3
磷（地下开采/露天开采）	＜50	＜10 或＜15
冶金用白云岩	＜15	＜3
萤石	＜5	＜3
建筑用石料类（饰面用除外）	＜30	＜10
硅石	＜10	＜10
石膏	＜10	＜5
硫铁矿	＜20	＜5
自然硫	＜10	＜10
岩盐、井盐	＜10	＜3
钾盐	＜5	＜1
芒硝	＜5	＜5
硼矿	＜5	＜5
耐火黏土	＜10	＜5

表 5-5　四川省矿产开发利用结构环境准入负面清单

勘查规划分区	重点关注优质玄武岩、页岩气、石墨、煤层气等新能源、新材料矿产资源勘查，稳中有序地展开川西地区金、银、锂、铝、铜、铀等有色金属和放射性矿产勘查工作，合理统筹攀西地区钒钛磁铁矿、稀土、铜、铝、磷等关键矿产资源勘探开发，为矿产资源开发和存储提供安全可供的矿产地。进一步强化资源集聚区的探矿权出让和勘查监管问题，如重要功能性非金属矿产、沉积地层型地热水、玻陶和水泥原料矿产、矿泉水等。 在自然保护区、国家地质公园等区域内只开展符合功能定位的勘探开发，并加强准入条件许可监管。整理出保护区正在进行的矿产资源勘探项目，在矿业权人合法权益被保护的前提下，规划出依法合理的退出补偿方案，进一步加强对矿区环境的修复整治工作
开发利用与保护规划分区	以认真把控增量、优化库存、高效利用为导向，维系过剩产能与产业结构转换、转型升级之间的关系，促进煤炭行业更好更快地发展。 统筹安排关于复合矿区的煤层气、煤炭、硫铁矿、高岭土及地表砂石土类矿产的勘探开发。 针对钒钛磁铁矿、稀土、锂、石墨资源的高效绿色开发，依靠科技创新，保障高端利用。 统筹规划多金属矿（如铂镍矿、金银矿等）勘查开发。 推进宝兴大理岩等优质非金属矿产深度开发与生态建设相协调。 对煤炭、钒钛磁铁矿、稀土、锰、铜、锂、石墨、岩盐、芒硝等矿产的存储和保障应加强管理，必须持有规划论证方可进行勘查开采。 矿山企业应落实清单式管理制度，禁止设置矿业权。限制开采区内（限采区），严谨准入条件，兼并重组和优化资源；必须持有规划论证方可进行勘查开采，否则不得新设矿业权

开发利用与保护规划分区	禁止开采应包含国家级或省级自然保护区、湿地泥炭、地质公园、风景名胜区、川西高原生态脆弱区、重要饮用水水源保护区、地质遗迹保护区等具有生态环境保护功能的区域
其他	对环境造成重大影响的，禁止开采；对拒不履行治理恢复任务的，纳入企业黑名单；情节严重的，纳入严重违法名单，在国有土地出让和矿业权申请审批中依法予以禁止。 严格落实《土地复垦条例》，全面推进矿区损毁土地复垦。新建、在建矿山应履行法定义务，边开采，边保护，边复垦，全面复垦矿区损毁土地。 完善矿山修复治理保证金制度，做到企业所有、政府监管、专款专用。落实矿产企业主体责任，建立健全矿山地质环境治理和矿区土地复垦责任追究制度，构建源头预防、过程控制、损害赔偿、责任追究的制度体系

2. 严格实施生态保护区内（禁采区）矿业权退出制度

为了矿产资源和社会经济协调发展，统筹生态红线划定与采矿权之间的关系，实施长江经济带区域发展总体战略和国家主体功能区战略。矿业开发严格避让生态保护红线且红线内不再新设采矿权。应依据法律法规有序退出各省（直辖市）生态保护红线内已设置的矿业权。

（1）生态保护红线内不再新设矿业权

生态保护红线依据法律法规明确指出在重点生态功能区、生态环境敏感区和脆弱区等区域划定严格的生态安全底线。严格生态保护空间的约束管理，以各省（直辖市）生态保护红线方案空间范围为依据，加强环境管控，强化资源环境监管执法力度，保证各类矿产资源开发活动处在生态保护红线之内。

根据《生态保护红线划定技术指南》的相关规定，各区域划定适合该区可持续发展的生态保护红线。风景名胜区、自然保护区、国家水源地、饮用水水源地、国家公益林以及其他类型的重要生态功能保护地，若被列入生态保护红线，则限制或禁止所有不符合主体功能定位的各类开发活动，如矿产资源的勘探开发等。除国家重大战略资源勘查需要外，禁止开采区新设矿业权（图5-1）。

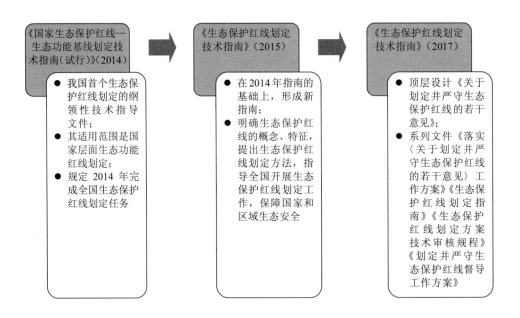

图 5-1　生态保护红线划定政策演进

将以下区域划定为禁止开采生态环境保护功能区，区内不再新设采矿权：①世界自然遗产地、世界级和国家级地质公园（含地质遗迹）、国家级和省级自然保护区、国家公园、国家级和省级重点保护的不能移动的历史文物和名胜古迹所在地、国家级和省级风景名胜区、国家级和省级森林公园、重要饮用水水源保护区、重要湿地等；②生态环境无法修复的区域；③国家和地方法律法规规定的不得擅自开采矿产资源的区域。

（2）生态保护红线区划定的一类和二类管控区

根据区域规定，一类管控区内，除必要的教学研究和现有法律法规允许的民生工程外，禁止任何形式的开发建设项目；二类管控区内，统筹主导生态功能维护要求，制定禁止性和限制性开发建设活动清单（图 5-2）。

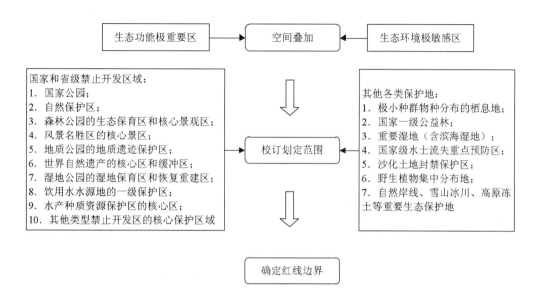

图 5-2　生态保护红线划定范围确定

（3）生态保护红线内已设矿业权有序退出

加强对保护地矿产勘探开发的管理。禁止在各级自然保护区的核心区、缓冲区勘查和开展勘查项目。保护区主管部门同意设立探矿权和采矿权之后，需分类制定差异化的补偿和退出方案。依据有关法律法规，应将国家级或省级自然保护区、风景名胜区、地质公园、地质遗迹保护区、重要饮用水水源保护区等各类保护地纳入具有生态环境保护功能的禁止开采区。

需划定矿山生态红线开采区域，对"三区两线"及特定生态保护区域内的露天矿山实施关闭。统筹规划改革、财政、人力资源、环境保护、林业等相关部门，对"钱从哪里来""产业如何转型""人到哪里去""剩余资源如何安排""环境恢复谁来负责"等问题整理出清晰的规划图并制定系统的解决方案；根据不同矿种、勘查阶段、规划项目或矿权剩余年限等因素，规范矿业权退出的价值评估、补偿资金筹措、具体退出程序。

另外，从"两害相权取其轻"的角度出发，合理规划自然保护区与矿产资源开发利用空间的重叠区域，防止有关部门"一刀切"的处理方式，公平公正地评估自然环境和矿产资源开发的利益平衡。对于自然保护区不科学的问题，尤其是保护对象、保护等级、保护职责和保护区划定范围未经科学评估的，应根据相关要求，对涉及战略性矿产资源勘查开采的，调整保护区的范围，为矿产资源开发做好铺垫。

三、加快尾矿库综合治理与生态系统修复

1. 加强尾矿库建设—使用—维护全过程监管

（1）尾矿库建设

需具有相应资质的工作单位才能从事尾矿库勘查、设计、施工、监理等。设计阶段，尾矿库设计书的内容应包含坝体稳定性、库区防洪能力、排洪设施、安全监测设施等内容。尾矿库施工阶段，要做好施工记录，并建立尾矿库工程档案（如隐蔽工程档案），进行下一阶段施工的前提是隐蔽工程必须验收合格。对于加固尾矿库初期坝的旧有尾矿库，按加固材料的差异可分为混凝土加固、浆砌石加固、堆石体加固等；依据初期坝的安全程度可分为整体加固、局部加固、加高加固等方式。根据不同的场地条件、初期坝坝型、初期坝的安全程度、加固材料的不同等，结合后期堆积坝的安全程度选择不同的加固方式对初期坝的安全隐患进行治理。

（2）尾矿排放

我国尾矿筑坝采用的主要方式是上游法，对其应将排尾管均布于坝前进行均匀放矿，保证坝内尾矿形成外粗内细的分布格局，加快坝壳的固结速度。

（3）排洪系统

库内应设置水位观测尺，标明警戒水位，并进行防洪能力验算；尾矿库必须设置排洪设施，汛前检查排洪设施确保畅通，并对库区泄洪能力进行复核，确保安全超高、干滩长度和坡度比例满足规范要求。对部分有安全隐患的建构筑物进行加固或改扩建，以保证系统可以安全稳固地运行；若已有的排洪系统存在严重安全隐患或者不能正常运

行，则需要废弃并封堵原有排洪系统，选择安全合理的位置，新建符合现行规范、达到安全运行标准的、确保尾矿库防洪安全的排洪系统。

（4）安全监测

库容及坝高满足规定要求的尾矿坝必须设置坝体安全监测设施，做好浸润线、裂缝、排渗设施、位移、周围边坡的监测工作，出现异常情况应立即上报相关负责人员进行处理。

（5）管理人员到位

配备持相应资格证书的安全管理人员。库区管理人员须做好尾矿库的安全检查工作，及时消除事故隐患，并做好记录。

2. 加强尾矿库实时标准化管理与维护，构建矿业绿色产业链

加强对尾矿库雨情监测能力的提升，统筹推进尾矿库应急救援联防联动机制的实施。通过分析尾矿库监测数据（如尾矿库位移、库水位、降水量等），以及全面监控库区防洪构筑物等视频，实现对尾矿库的实时监控和分级预警，一旦出现异常情况，系统能及时分级发出预警信息并要求企业上报和处理问题。

建立健全评价指标体系，科学评估矿业企业绿色循环经济发展状况。扩大矿产资源领域绿色循环经济发展影响力，矿业企业循环经济发展示范典型应形成以减量化、再利用、资源化的生产过程为标准，鼓励矿业企业更好、更快地发展，开发有利于节约资源、保护环境、绿色循环的资源开发利用模式。国家应从相应政策和措施给予充分鼓励和引导，如采用先进技术，积极引导尾矿循环经济发展，营造健康发展的市场环境氛围，引导市场以尾矿为主要原材料的泡沫混凝土等新型节能建筑材料生产。结合产学研平台，充分发挥矿山企业技术创新的主导引领作用，突破矿产资源高效开采、固体矿产安全绿色采矿、低品位矿高效运用等关键技术。

健全完善矿产资源节约与综合利用的激励约束和治理恢复长效机制。强化政府激励和引导，优先向资源绿色高效利用、技术先进、实施综合勘查开采的矿山企业供地。完善落实矿山企业高效和综合利用信息公示制度。健全准入、激励、引导、监管、考核等

机制和办法，形成覆盖评价、勘查、开发、利用、闭坑全过程的矿产资源节约与综合利用制度体系。追踪企业责任，建立矿山地质环境责任追究制度、环境损害赔偿与恢复制度，构建源头预防、过程控制、损害赔偿、责任追究的制度体系。加快矿山地质环境保护立法进程，严格落实各级政府矿山地质环境监管和历史遗留矿山地质环境问题治理的主体责任。

3. 加快"头顶库"治理

据统计，截至 2015 年年底，全国有"头顶库"1 400 多座，数量极为庞大，潜在风险隐患较大，故应在建设规划之初规避此类问题，严格把控已有尾矿库的风险级别，"头顶库"固有数量应实时监测并逐步减少，因为"头顶库"靠近下游居民点以及其他设施，一旦爆发险情，预留应急时间短暂，给下游居民撤离和主要设施转移的空间和机会较小。参考《国家安全监管总局关于印发〈遏制尾矿库"头顶库"重特大事故工作方案〉的通知》（安监总管一〔2016〕54 号），科学评估各地区尾矿库情况，不同情况采取不同的隐患治理、闭库或销库、升级改造、尾矿综合利用和下游居民搬迁的五种治理方式，具体实施需从以下三个层面落实开展：

一是政府层面。各级政府须对"头顶库"事故隐患治理工作的迫切性有更深层次的把控，严明责任归属划分，认真部署相关部门齐抓共管的环境氛围。治理工作方案应与实际情况相结合，明确目标任务和责任分工，保障治理经费，加强跟踪落实。各级发改、经信、国土、税收、安监、环保、人事、财政、住建等部门对实施尾矿综合利用，下游居民搬迁时在产业政策、矿权设置、城乡规划、用地指标、税收减免、农村房屋改造等方面加大政策帮扶和激励引导，严格把控项目审批和后续监管管理，避免产生新的"头顶库"，确保整治实效。

二是企业层面。落实有效企业主体责任制，统筹隐患整治修复、改造升级、工艺加工、闭库销库、综合利用等多种方式进行综合治理。对于满足提高等级条件的尾矿库，可采取增设排洪设施、加固坝体、降低坝坡比、建设安全监测设施等措施，加强尾矿库排洪泄洪能力和坝体稳定性，提高抵御事故风险能力；对于无法提高等级条件的"头顶库"，尽可能采用改造尾矿堆存、尾矿库筑坝和尾矿放矿等工艺方式，强化"头顶库"的安全性。此外，对于正常库也可根据危害程度采取额外增设汛期非常溢洪道、增设在线监测设施、降低设计坝高和设计库容等措施，加强提升"头顶库"安全保障水平和事故预警能力。

三是社会层面。可以从舆论引导、宣传教育、全民参与、技术研发、应急联动、搬迁转移等方面综合施策。第一，充分加强对"头顶库"的宣传指导，媒体媒介要正确引导舆论，不要谈"库"色变，相关部门和宣教机构深入开展宣传教育，特别是认真统筹部署关于对"头顶库"下游居民和重要厂矿设施人员的安全教育工作，普及政策法规和安全知识，努力化解信访矛盾。第二，相关高等院校、科研院所和技术服务机构要努力突破技术创新，尤其是在选矿技术、科学评估监测、尾矿综合利用、监测监控技术等方面取得重大进展，通过技术创新和信息化手段，有效管控"头顶库"安全隐患，把安全管理放在首要位置。第三，建立健全"头顶库"企业和下游居民、厂矿、设施的应急联动机制，适时开展联合应急演练，提高应急响应能力，及时、有效防范或最大限度地降低事故造成的危害。同时，若条件允许，可以实施搬迁转移，从而根本消除"头顶库"威胁。

四、推进矿山清洁化、集约化发展，加快"绿色矿山"建设

推进矿山"清洁生产"模式，加强清洁化相关科学技术的研究与应用，鼓励矿山企业采用先进的采选工艺、开发矿山清洁生产技术，减少矿山废弃物的排放，提高矿山废弃物的资源化程度。严格执行《矿产资源节约与综合利用鼓励、限制和淘汰技术目录（修订稿）》（国土资发〔2014〕176号），对于新建或改扩建矿山实行限制，不得采用国家限制和淘汰的采选技术、工艺和设备。

1. 分环节推进矿山生产清洁化

严格执行各类矿山生产排放标准，按照《矿产资源节约与综合利用鼓励、限制和淘

汰技术目录（修订稿）》对新建或改扩建矿山进行规范（表 5-6）。

表 5-6　矿产资源节约与综合利用鼓励、限制和淘汰技术目录（修订稿）

推行清洁生产工艺	《工业炉窑大气污染物排放标准》（GB 9078—2019）
	《大气污染物综合排放标准》（GB 16297—1996）
	《煤炭工业污染物排放标准》（GB 20426—2006）
	《铝工业污染物排放标准》（GB 25465—2010）
严格矿山废水排放标准	《污水综合排放标准》（GB 8978—1996）
	《煤炭工业污染物排放标准》（GB 20426—2006）
	《铝工业污染物排放标准》（GB 25465—2010）
	《铜、钴、镍工业污染源排放标准》（GB 25467—2010）
	《农田灌溉水质标准》（GB 5084—2005）
	《国家渔业水质标准》（GB 11607—89）
	《清洁生产标准　铁矿采选业》（HJ/T 294—2006）
	《清洁生产标准　煤炭采选业》（HJ 446 —2008）
完善生态环境修复治理技术	《矿山生态环境保护与治理恢复技术规范（试行）》（HJ 651—2013）
妥善处置固矿、尾矿等固体废物	《一般工业固体废物贮存、处置场污染控制标准》（GB 18599—2001）
	《关于印发深入开展尾矿库综合治理行动方案的通知》
	《选矿厂尾矿设施设计规范》
	《尾矿库安全监督管理规定》
	《关于印发〈尾矿库环境应急管理工作指南（试行）〉的通知》

（1）原材料环节

辅助材料选用无毒、无害、环保的原料，提高原料循环使用率；利用尾矿进行充填，可提高废物的综合利用率。采用环境友好的工艺、设备和材料。采用高效无（低）毒的浮选新药剂产品。

（2）生产环节

对于能源矿产（如在页岩气、天然气和煤层气的勘探开发中），使用先进的钻机和固控设备，提高钻井液的循环利用率；采用生物可降解或低毒性的钻井液、压裂液材料等。鼓励在煤矿集中区域建设群矿型原煤选矿厂，使用先进的洗选技术和设备，降低原煤的直接销售和使用比例；严格按照节能设计规范和标准实行页岩气勘探开发利用项目，推广使用达到能效标准、经过认证的节能产品。引进国际先进的技术和设备，在钻井现场实施清洁化生产，实时处理钻井过程中产生的污染物。

对于铜、铁、锰、铅、锌、钨、钼等金属矿，此类矿床由于伴生有多种金属元素，因此需要严格控制采矿、选矿生产过程中的有毒物和重金属污染物进入水体；对于矿山开采产生的固体废物严禁随意倾倒，避免对水体和土壤的污染。采取先进工艺提高选矿循环用水，综合开发尾矿渣利用。加强金属尾矿的再选，无再选价值的固体废物用于生产建材等资源化利用和生态环境恢复、矿山复垦回填。

非金属矿产（如建筑石料、珍珠岩、高岭土、叶蜡石、沸石等）矿产开采量大，且以露天开采为主，露天采矿场爆破前后、采矿工作面、运输道路要求必须配备洒水除尘设施定时定量洒水；加工设备安装布袋除尘器；剥离固体废物时应考虑综合利用和堆场占地面积，需要制定完善的土地复垦方案，做到采矿区边开采、边复垦，禁止乱堆乱放。强化建筑用石料等露天矿山剥离物、粉尘的综合回收利用，加强矿山生产废水的循环利用。

对矿山采选的过程、车间建立物料平衡和水平衡，在此基础上从原材料、生产工艺、生产管理、生产设备、废物特性、人员等方面进一步分析造成物料流失，废水、固体废物排放过多的部位及原因，制定降低能耗、物耗，减少固体废物、废水排放的有效方案，达到减排增效的目的。

（3）末端治理环节

采取先进的技术和设备降低废水产生量，提高水资源循环效率，采矿区除采矿废水处理外还应增加生活污水处理设施，降低悬浮物、化学需氧量和生化需氧量的排放量；采取工业场地及运输道路洒水等方式降低粉尘污染。

2. 推进矿产资源节约与综合利用

（1）推进矿产资源节约与综合利用示范工程建设，大力发展低碳循环经济

矿产资源节约与综合利用先进适用技术可以有效提高矿产资源"三率"，应积极推广矿产资源节约与综合利用先进适用技术，创新节约与综合利用方法。各省（直辖市）应根据本地区资源禀赋特点和开发利用现状，整合和淘汰落后技术、产能，做好先进适用技术推广。将先进适用技术的推广和应用与矿产资源开发利用监管、"三率"考核、矿山地质环境保护等工作联系起来，督促矿山企业采用先进适用技术，逐步淘汰落后技术和产能；对于"三率"不达标的矿山企业要责令限期整改达标。

（2）设立矿产资源节约与综合利用"以奖代补"专项资金

自 2012 年以来，国土资源部共发布了 6 批节约与综合利用的先进适用技术，不带有强制性要求。当前矿业形势严峻，矿产品供大于求，矿山企业效益甚微，缺乏自行投资技术改革的积极性。应设立先进技术推广资金，对采用先进适用技术推广目录中的技术进行技改的企业，给予一定的资金支持。

"以奖代补"作为一种事后奖励政策，在诸多领域广泛应用，该政策于 2010—2012 年在矿业领域进行了成功的尝试，设立了矿产资源节约与综合利用专项，对自行投资进行节约与综合利用技术改进并取得显著成效的矿山进行奖励，积累了宝贵的实施经验。该项政策也极大地激发了矿山企业开展技术改造和实施节约与综合利用的热情。因此，应该继续实施"以奖代补"等类似的政策与措施。

3. 提升矿山企业规模化水平和产业集中度

鼓励规模化开采，减少矿山总数，提高大型、中型矿山企业比重，加大对小型矿山的改造整合力度。通过兼并重组等途径，提升企业规模，提高产业集中度。

通过"合理规模，优化布局，提高效益，恢复治理"的目标调控，实行"大企业进入、大项目开发"政策，促进大型矿山企业兼并小型矿山企业，提高企业环保投资的承受力和技术能力；对小规模矿产、禁止开发区和部分限制开采区部分矿产加快淘汰；对

部分具有规模但生态效益不高的矿产企业，要优化改造其开采工艺技术，延长产业链，提高企业生态效益；对于开采规模较大的老矿区，要促进其生态恢复治理，做到"还清旧账，不欠新账"；对于重点开发的矿区，要提出更高的治理和恢复要求，预留治理保护资金。

实行矿山最低开采规模设计标准。坚持矿山设计开采规模与矿区资源储量规模相匹配的原则，严禁大矿小开、一矿多开。对于涉及民生建设的小矿开发，各省（直辖市）可根据实际情况调整开采规模准入门槛，严格规范管理。如果产业政策准入门槛高于设计标准，则以产业政策为准。

4．加快推进"绿色矿山"建设

"绿色矿山"是指在矿产资源开发过程中，实施科学有序的开采，对矿区及周边生态环境扰动控制在可控范围内，实现矿区环境生态化、开采方式科学化、资源利用高效化、管理信息数字化和矿区社区和谐化的矿山（表 5-7）。从 2005 年浙江省出台第一个"绿色矿山"建设官方文件以来，经过 10 余年的探索和实践，我国提出的"绿色矿山"理念逐渐深入人心，"绿色矿山"建设逐渐实现体系化。为了更好地实现第三轮矿产资源"绿色矿山"建设的规划目标，推动长江经济带矿业绿色发展，长江经济带 11 省（直辖市）及青海省要严格执行"绿色矿山"建设标准、完善"绿色矿山"建设政策目标体系和评价指标体系、提升政府服务职能、建立信息公开和技术分享平台（表 5-8）。

表 5-7　"绿色矿山"建设总体要求

	生态环境和安全	社会	资源	科技	管理
总体要求	对矿区及周边生态环境扰动控制在可控制范围内，实现环境生态化，减少排放，土地复垦	矿区社区和谐化企业文化	资源利用高效化、节能	生产工艺环保化、科学有序开采、技术创新	企业：合规、管理规范化、管理信息数字化；政府：四级联创、企业主建、社会监督，标准示范引领等体系

表 5-8　长江经济带 11 省（直辖市）及青海省矿业转型升级与"绿色矿山"建设规划目标

地区	2020 年	2025 年	2035 年
上海市	上海市要关闭全部固体矿山，因此无"绿色矿山"建设目标		
江苏省	矿山总数控制在 960 座以内；大型、中型矿山比例达到 26%以上；重要矿产开采矿山"三率"达标率达到 96%以上；部级、省级发证的固体矿产开采矿山 80%以上达到"绿色矿山"标准，绿色矿业发展示范区 1~2 个	形成绿色矿业发展全新格局	全面建成"绿色矿山"
浙江省	矿山总数控制在 900 座以内（不含地热采矿权数量），大型、中型矿山比例提高到 65%以上；"三率"水平达标率达到 95%以上；"绿色矿山"建成率达到 90%以上	资源全面节约与高效利用的绿色开发模式全面实现	
安徽省	矿山总数控制在 1 500 家以内；大型、中型矿山比例达 45%；全省"绿色矿山"建设格局基本形成，"绿色矿山"达标率为 20%左右，大型、中型生产矿山实现"绿色矿山"达标，小型矿山企业按照"绿色矿山"条件严格规范管理；绿色矿业发展示范区 4 个	全省"绿色矿山"达标率为 40%，形成资源合理利用、节能减排、生态环境保护与矿地和谐发展的良好局面	
江西省	矿山数量不超过 4 700 座；大型、中型矿山比例达到 12%；矿山开采回采率达标率达到 90%，矿山选矿回收率达标率为 80%，矿山综合利用率达标率达到 55%；全省"绿色矿山"格局基本形成，建成"绿色矿山"200 座以上，部级、省级发证的大型、中型矿山基本达到"绿色矿山"标准，小型矿山企业按照"绿色矿山"要求规范管理，绿色矿业发展示范区 1 个	"绿色矿山"建设迈入全国先进行列	
湖北省	矿山减少到 2 200 家以内；大型、中型矿山比例达到 10%左右；"三率"水平达标率达到 80%，位居全国前列；"绿色矿山"达标率为 100%	矿业实现全面转型升级和绿色发展	
湖南省	采矿权总数控制在 6 500 个以内；提高大型、中型矿山比例至 7%，实现矿山"三率"水平达标率达到 85%；新建矿山、已建大型、中型矿山全部达到"绿色矿山"标准，绿色矿业发展示范区 8 个	矿产开发与生态环境保护全面协调发展，多元、绿色、高效的资源安全保障体系基本建成	
重庆市	矿山数量控制在 1 500 座以内；大、中型矿山比例达到 45%以上；"三率"水平达标率达到 90%；"绿色矿山"数量 35 座	基本实现节约高效、环境友好、矿地和谐的绿色矿业发展	

地区	2020 年	2025 年	2035 年
四川省	矿山总数力争减至 5 700 座左右，大型、中型矿山比例不低于 9%；"三率"水平达标率超过 90%；"绿色矿山"比例达到 50%，建成绿色矿业发展示范区 2 个、10 个、50 个	矿业实现全面绿色发展	
云南省	力争采矿权总数比 2015 年减少 10%以上；大型、中型矿山比例达到 4.5%，省级发证采矿权大型、中型矿山比例达到14%；"三率"水平达标率达到85%以上；新建矿山力争全部达到"绿色矿山"建设要求，生产矿山加快改造升级，逐步达到要求，"绿色矿山"数量力争达到 80 座，绿色矿业发展示范区 4 个	矿业实现全面绿色发展	
贵州省	"绿色矿山"数量 800 座，大型、中型矿山比例达到 70%以上，"三率"水平达标率达到 85%以上，绿色矿业发展示范区 8 个	2025 年不符合"绿色矿山"标准的主体将逐步退出市场	
青海省	大型、中型矿山比例为 13%；大型矿山采选回收率达标率达到 100%，中型矿山采选回收率达标率达到 95%,小型矿山采选回收率达标率达到 90%；"绿色矿山"比例达 15%，绿色矿业发展示范区 3 个，绿色矿业发展示范区 3 个	"绿色矿山"比例达 50%	

（1）严格执行"绿色矿山"建设标准

"绿色矿山"建设是当前推动我国矿产资源开发与生态环境保护协调发展的重要抓手，是保障长江经济带矿产资源供应与生态环境保护协调发展的重要手段。长江经济带作为我国重要的矿产资源基地和生态文明建设的先行示范带，各类新建、改扩建矿山必须严格执行国家相关产业政策以及关于"绿色矿山"的建设规范和标准。生产矿山必须根据相关标准进行升级改造，切实在矿区环境绿化美化，资源节约型、环境友好型开发方式，资源综合利用，节能减排，科技创新与数字化矿山，企业管理与企业形象建设等方面全力完善，从而在规定时间内建成环境生态化、开采方式科学化、资源利用高效化、管理信息数字化和矿区社区和谐化的"绿色矿山"。表 5-9～表 5-13 为铜矿、天然气、非金属、水泥行业的"绿色矿山""三率"指标要求。

表 5-9　铜矿"绿色矿山"开采回采率指标要求

露天开采	
大型矿山	95%
中小型矿山	92%

地下开采			
矿体厚度	铜（当量）品位≥1.2%	铜（当量）品位0.60%～1.2%	铜（当量）品位≤0.60%
≤5 m	88%	80%	75%
5～15 m	92%	83%	80%
≥15 m	92%	85%	85%

表 5-10　铜矿"绿色矿山"选矿回采率指标要求

矿石类型	结构构造类型	品位和粒度											
		硫化矿铜品位≥1% 混合矿铜品位≥1.5% 氧化矿铜品位≥3%			0.6%≤硫化矿铜品位<1% 1%≤混合矿铜品位<1.5% 1.5%≤氧化矿铜品位<3%			0.4%≤硫化矿铜品位<0.6% 0.6%≤混合矿铜品位<1% 1%≤氧化矿铜品位<1.5%			硫化矿铜品位<0.4% 混合矿铜品位<0.6% 氧化矿铜品位<1%		
		粗中粒	细粒	微细粒	粗中粒	细粒	微细粒	粗中粒	细粒	微细粒	粗中粒	细粒	微细粒
硫化矿	块状、粒状结构	90%	87.5%	86%	88.5%	86%	84%	86.5%	84%	82%	83%	80.5%	79%
	条带状构造	89.5%	86.5%	85%	87.5%	85%	83%	86%	83%	81.5%	82%	80%	78%
	似层状、网脉状构造	87.5%	85%	83%	86%	83%	81.5%	84%	81.5%	80%	80.5%	78%	76.5%
	浸染状、交代结构	86.5%	84%	82%	85%	82.5%	80.5%	83%	80.5%	79%	79.5%	77.5%	76%
混合矿	块状、粒状结构	87%	84.5%	83%	85.5%	83%	81%	83.5%	81%	79.5%	80%	77.5%	76%
	条带状构造	86%	83.5%	82%	84.5%	82%	80%	83%	80%	78.5%	79%	77%	75.5%
	似层状、网脉状构造	84.5%	82%	80%	83%	80%	78.5%	81%	78.5%	77%	77.5%	75.5%	74%
	浸染状、交代结构	83.5%	81%	80%	82%	79.5%	77.9%	80%	77.9%	76%	77%	74.5%	73%

矿石类型	结构构造类型	品位和粒度											
		硫化矿铜品位≥1% 混合矿铜品位≥1.5% 氧化矿铜品位≥3%			0.6%≤硫化矿铜品位<1% 1%≤混合矿铜品位<1.5% 1.5%≤氧化矿铜品位<3%			0.4%≤硫化矿铜品位<0.6% 0.6%≤混合矿铜品位<1% 1%≤氧化矿铜品位<1.5%			硫化矿铜品位<0.4% 混合矿铜品位<0.6% 氧化矿铜品位<1%		
		粗中粒	细粒	微细粒	粗中粒	细粒	微细粒	粗中粒	细粒	微细粒	粗中粒	细粒	微细粒
氧化矿	块状、粒状结构	78.5%	76%	74.5%	77%	74.5%	73%	75%	73%	71.5%	72%	70%	68.5%
	条带状构造	77.5%	75%	74%	76%	74%	72%	74.5%	72%	71%	71.5%	69%	68%
	似层状、网脉状构造	76%	74%	72%	74.5%	72%	71%	73%	70.8%	69.5%	70%	68%	66.5%
	浸染状、交代结构	75%	73%	71.5%	74%	71.5%	70%	72%	70%	68.5%	69%	67%	66%

表 5-11　天然气"绿色矿山"建设各类气藏采收率最低指标要求

序号	类　型	最低采收率
1	活跃水驱气藏	40%
2	次活跃水驱气藏	60%
3	不活跃水驱气藏	70%
4	气驱气藏	70%
5	低渗透气藏	30%
6	特低渗透气藏	15%

表 5-12　非金属部分矿种"绿色矿山""三率"指标要求

矿产名称	开采回采率		选矿回收率	综合利用率
	露天开采	地下开采		
高岭土	≥85%	≥75%	≥85%	尾矿综合利用率≥98%
萤石	≥90%	稳定岩体 1≥80%	易选矿石 2≥83%	—
		不稳定岩体 1≥73%	难选矿石 2≥75%	
石墨	≥92%	≥75%	晶质石墨 3≥80%	—
石棉	≥90%	≥75%	≥85%	—

矿产名称	开采回采率		选矿回收率	综合利用率
	露天开采	地下开采		
石膏	≥90%	采用房柱法≥35%	—	—
		采用崩落法≥60%		
		采用全面充填法≥85%		
滑石	≥85%	≥72%	滑石含量4≥50%，产品产率5≥90%	—
			滑石含量4≥35%，产品产率≥75%	
			滑石含量4<35%，产品产率≥40%	
重晶石	≥90%	≥85%	易选矿石6≥90%	共伴生矿产综合利用率7≥75%
			难选矿石6≥80%	
珍珠岩	≥92%	—	产品产率≥75%	尾矿综合利用率≥90%

表 5-13　水泥行业"绿色矿山"建设"三率"指标要求

矿种	开采回采率	选矿回收率	综合利用率
石灰岩	≥90%	≥90%	≥60%
菱镁矿			
硼			
重晶石			
锂			
锶			

（2）完善目标体系，实现多目标协调

明确完善的目标体系是"绿色矿山"政策取得成效的前提。目前我国"绿色矿山"建设相关文件给出了 2020 年具体的实施目标，对 2025 年、2035 年的实施目标还未完善，需要尽快提出相应的目标路线。笔者认为，"绿色矿山"建设最迟必须在 2035 年以前，也就是在我国基本实现社会主义现代化以前全面建成。需要注意的是，在"绿色矿山"建设的过程中，要在生态环境扰动可控的基础上，同时满足企业、社区的利益，使企业有利可图、矿地关系和谐。基于"绿色矿山"的各方面目标，长江经济带"绿色矿山"

建设要分别从资源、环境、经济、社会等方面出发，综合政府、企业、社区的利益，对各目标进行细化。只有确保各目标之间相互平衡、相互协调，才能建设真正的"绿色矿山"（图5-3）。

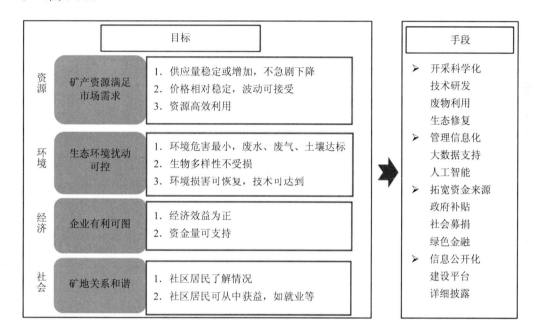

图5-3　长江经济带"绿色矿山"建设目标体系与实施手段

（3）加快完善和出台"绿色矿山"建设评价指标体系

"绿色矿山"建设的指标体系建设和评价方法在"绿色矿山"建设中处于核心地位，发挥着"指挥棒"的作用，直接关系到"绿色矿山"建设的质量。目前，国家级"绿色矿山"已经确立了相关的评价指标，但长江经济带及长江源头地区大多数省（直辖市）的评价指标尚未出台，需要尽快完善出台，以便于引导地方加快建设"绿色矿山"进程。需要注意的是，长江经济带"绿色矿山"建设评价指标应该在国家标准九大基本条件的基础上，加入企业经济维度的指标，将"绿色矿山"建设与矿山企业自身的经济发展结合在一起，从而增强矿山企业建设"绿色矿山"的"自愿性"，保障长江经济带资源供应，维系矿业经济绿色发展。

（4）明确政府职能定位，强化服务支持职能

在长江经济带"绿色矿山"建设中，政府主要承担标准制定、平台建设、指导监督的作用。就建设"绿色矿山"而言，政府的关注点主要包括矿产资源的最佳利用、矿产资源的安全、矿业经济发展、改善居民的生存环境、提高公共基础设施、维护政府公信力等。因此，政府要制定合理的政策保证矿产资源的供应，调节矿产品的价格，提高资源利用的效率，改善矿产开发生态环境，对企业的行为进行规范和指导，提高企业的积极性，发挥监督管理职能，保证政策的落实。目前长江经济带 11 省（直辖市）及青海省陆续出台政策标准，为"绿色矿山"的建设提供指导监督，但同时也要注重充分发挥其服务职能，如公共物品提供。服务职能是政府的一个重要职能，即政府要提供市场不能提供的东西，如公开的信息、技术等。政府的服务和直接支持是十分必要的。一方面，社会、第三方要想进行监督就需要全面有效的信息，这些信息对于企业来说缺乏主动提供的激励，因此需要政府来采取措施保证信息的公开；另一方面，对于小的矿山企业来说，昂贵的技术引进会导致其入不敷出，政府可以通过免费提供一些技术或培训来帮助中小企业建设"绿色矿山"。因此，长江经济带 11 省（直辖市）及青海省政府应采取一定措施加强服务职能。

（5）加快发展绿色金融，助力"绿色矿山"建设

"绿色矿山"建设作为一项复杂的、系统性的工程，是构建生态功能保障基线、环境质量安全底线、自然资源利用上线的基础，也是生态环境保护建设的重要环节。绿色金融可以为"绿色矿山"建设提供可持续的资金投入，但在缺乏风险补偿机制和税收优惠激励政策的现实基础上，绿色金融在推动"绿色矿山"建设上仍存在较多的不适应性，需要进行更深入的理论研究和实践探索。长江经济带 11 省（直辖市）及青海省可以通过金融机构寻找绿色金融的切入点，加快特色鲜明的绿色金融标准体系建设。金融机构可以设立多种绿色金融产品，逐步建立绿色信用体系，降低绿色金融风险，发挥金融机构在长江经济带"绿色矿山"建设和绿色矿业发展中的作用。

（6）加强采选环保技术研发，提高"绿色矿山"环境效益

加强技术研发是"绿色矿山"建设的重要内容。应用绿色环保技术与工艺，提高矿

业集中度、扩大矿山生产规模，有利于降低矿产资源开发过程中的能耗和各类污染物的排放，减少资源开发对生态环境的影响，从而提高"绿色矿山"建设的环境效益。表5-14～表5-16为长江经济带11省（直辖市）及青海省优势矿种（能源：煤炭；金属：钨、锡、锑；非金属：磷）在不同工艺技术及不同生产规模下的污染物排放量。目前煤炭开采主要有露天开采和地下开采两种方式，而地下开采又分为综合机械化生产（简称综采）、机采、打眼放炮开采（简称炮采）三种方式。从污染的排放量来看，露天开采＞地下开采；炮采＞机采＞综采。当开采规模小于30万吨/年时，富水矿区及特大水矿区（湖南省、安徽省、重庆市、江苏省）机采煤排放的工业废水量、化学需氧量、石油类污染物分别比炮采煤低28%、16%、37%，即每产1吨煤可以少排放1吨废水、20克化学需氧量和0.95克石油类污染物。而当应用技术相同时，污染物的排放量随着生产规模的扩大而减少。当生产能力到达120万吨/年时，富水区的综采煤矿每生产1吨原煤就能够少排放0.8吨工业废水、45克化学需氧量和0.02克石油类污染物。

表5-14 煤炭开采各类工艺及规模下的污染物排放量

矿种	工艺	规模	工业废水量/（吨/吨矿石）			化学需氧量/（克/吨矿石）			石油类污染物/（克/吨矿石）		
			高富水矿区	中富水矿区	贫水矿区	高富水矿区	中富水矿区	贫水矿区	高富水矿区	中富水矿区	贫水矿区
煤炭	井工开采综采	≥120万吨/年	1.8	0.55	0.12	103	33	7.5	3.020	1.668	0.507
		<120万吨/年	2.28	0.82	0.12	148	54	8.5	3.0	1.792	0.480
	井工开采机采	≥120万吨/年	1.8	0.62	0.08	108	39	6	3.80	2.11	0.53
		30万～120万吨/年	2.4	0.86	0.12	151	55	8.8	3.1	1.34	0.61
		≤30万吨/年	2.5	1.05	0.12	105	54	7.6	2.53	2.25	0.59
	井工开采炮采	≥120万吨/年	2.0	1.05	0.12	50	39	5.2	1.780	1.737	0.462
		30万～120万吨/年	2.4	1.04	0.15	144	70	10.1	3.05	2.35	0.845
		≤30万吨/年	3.5	1.12	0.14	125	52	7	3.480	2.290	0.596
	露天开采	≥120万吨/年	2.6	0.95	0.16	115	45	9	3.91	2.38	0.453
		<120万吨/年	2.85	0.82	0.15	155	49	11	4.105	2.0	0.504

注：①高富水矿区及特大水矿区：湖南省、安徽省、重庆市、江苏省；
②中富水矿区：青海省、贵州省；
③贫水矿区：云南省、湖北省。

表 5-15 有色金属采选各类工艺及规模下的污染物排放量

矿种	工艺	规模	工业废水量/(吨/吨矿石)	化学需氧量/(克/吨矿石)	汞/(毫克/吨矿石)	镉/(克/吨矿石)	铅/(克/吨矿石)	砷/(克/吨矿石)	氰化物/(克/吨矿石)
钨	坑采—磨浮	>1 000 吨/天	0.832	1.824	0.064	0.017	0.008 3	0.007 7	0.002 6
		500~1 000 吨/天	1.42	3.708	0.124	0.026	0.013	0.009	0.004 6
		<500 吨/天	3.069	13.96[①]/69.8[②]	0.36[①]/1.8[②]	0.041[①]/0.206[②]	0.021[①]/0.106[②]	0.02[①]/0.102[②]	0.004[①]/0.02[②]
锡	坑采—磨浮	≥3 000 吨/天	1.735	217.5	0.15	0.003 9	0.01	0.131	
		600~3 000 吨/天	2.492	393.3	0.2	0.006	0.013	0.172	
		<600 吨/天	4.034	690.0[①]/2 300[②]	0.321[①]/1.07[②]	0.008 6[①]/0.437[②]	0.022[①]/13.445[②]	0.265[①]/0.883[②]	
锑	坑采—浮重联合	≥3 000 吨/天	1.474	0.001	0.053	0.002	0.002	0.075	
		600~3 000 吨/天	2.102	0.001 1	0.08	0.002 4	0.003 5	0.103	
		<600 吨/天	3.51	0.001 6[①]/0.005 4[②]	0.111[①]/0.37[②]	0.005[①]/0.016[②]	0.004 8[①]/0.016[②]	0.156[①]/0.52[②]	

注：①指末端治理技术为沉淀分离的排污系数；
②指末端治理技术为直排的排污系数。

表 5-16 磷矿采选各类工艺及规模下的污染物排放量

矿种	工艺名称	规模等级	工业废水量/(吨/吨矿石)	化学需氧量/(克/吨矿石)	氨氮/(克/吨矿石)	石油类污染物/(克/吨矿石)	挥发酚/(克/吨矿石)	汞/(毫克/吨矿石)	镉/(克/吨矿石)	铅/(克/吨矿石)	砷/(克/吨矿石)	总磷/(克/吨矿石)	总氮/(克/吨矿石)
磷矿	浮选	≥30 万吨/年	2.55	700	139	4.84	0.001 1	0.15	0.001	0.010 5	0.008	0.017 9	249	15.42
	选矿	<30 万吨/年	4.87	1 106	150	4.02	0.002 4	0.148	0.008 7	0.013 9	0.007 9	0.026 1	262	17.1

除煤炭开采之外，金属与非金属开采的污染排放也存在规模和技术效应，污染物的排放量会随着生产规模的扩张和末端治理技术的应用而削减。在有色金属洗选行业，生产规模超过 600 吨/天的洗选厂采用循环利用和沉淀分离技术对污染物进行处理，相较于污染直排，可以减少约 80%的化学需氧量和重金属排放量。在磷矿行业，生产规模超过 30 万吨/年的磷矿洗选厂的工业废水为 2.55 吨/吨矿石，化学需氧量排放量为 700 克/吨矿石。相较于规模以下的选矿厂，工业废水和化学需氧量排放可以分别减少 47%和 36%。由此可见，在"绿色矿山"建设过程中，随着矿山科技投入的增加和开采技术与装备的更新换代，对提高矿山生产规模和改进矿产开发生产工艺具有积极的促进作用，从而提高"绿色矿山"建设过程中带来的矿山环境效益。

（7）构建矿山开选技术信息共享平台

先进的矿山采选技术进步对建设"绿色矿山"具有巨大的促进作用，可以显著提升矿山"三率"水平，减少资源浪费和环境污染。当前一些矿山企业特别是中小型矿山企业由于没有先进的采选技术而导致"三率"水平普遍较低，造成资源浪费和环境污染。加快长江经济带"绿色矿山"建设的一个重要途径就是普及先进的矿山采选技术信息。矿山采选技术信息的分享可以通过政府信息服务完成，企业可以将自己研发的最新技术成果分享到政府搭建的"绿色矿山"采选技术信息平台上，为其他有需求的企业提供了解和购买的渠道；政府也可以将各种相关的法律法规政策文件完整地分享到平台上，并做好链接，方便企业和社会查找，而第三方机构则可以将"绿色矿山"核查评估的细节上传到平台，接受更多人的监督，社会社区也可以通过平台了解信息，更好地对矿山生产进行监督。

五、严格实行限采区限采，高污染和保护性矿种限量

在国家产业政策、经济社会发展和资源环境保护要求及国家特殊需要的基础上，应多方面考虑经济、技术、安全、环境等制约因素，对矿产资源开发利用活动进行一定的限制。

1. 加强矿产资源开发规模、总量和"三率"管控

根据主体功能区规划和生态保护要求，将以下区域划定为限制开采区：①受产业政策调控、实行保护性开采的特定矿种所分布的区域；有地方特色并且需要进行保护性开采的矿种分布的区域；②资源基础可靠，但受市场容量限制，资源利用方式不合理的区域；③实现资源合理利用需要较高技术经济条件的区域；④矿产资源需要储备和保护的区域；⑤规定的其他的限制开采区域。

坚守资源利用上线和环境质量安全底线，在限制开采区，矿产资源的开采矿种、开采规模、开采总量、"三率"等开采指标需要严格执行，实现科学、合理、有序的矿产资源开采。

对现有矿山企业实行清单式管理，严格把控矿业权的发放，对矿山数量以及限制开采矿种的开采总量进行限制。在限制开采区内，对于产能、生态环境、开发利用技术、经济效益及开采秩序不达标的矿山，严格按照准入标准进行管理，增强矿产企业的兼并重组和资源整合；对于未达到资源利用、资源保护和环境保护要求的已建矿山，应责令其限期整改，逾期仍不达标的，进行依法处理；对于申请扩大矿区范围、变更开采矿种、扩大生产规模的新设或已设采矿权，应严格规划审查和论证。限制开采区内各类采矿权必须严格达到相应的准入条件，符合国家"绿色矿山"建设的要求，并按照国家计划开采，进行总量控制。

2. 加强对高污染和保护性矿种的总量管理

对于国家规定需要实行保护性开采的特定矿种和特色优势矿种进行开采限制和总量控制，同时对高污染矿种实施开采总量限制。

对于钨、锡、锑、钼、稀土等传统优势类矿产资源，要合理控制开采总量，尽量降低其生态环境影响；对皖、云、贵、川等地煤矿等产能过剩类矿产，要坚决淘汰落后产能，并严格控制新增产能；对云、鄂、赣等地的钨、锡、锑、稀土等特定优势矿种实行总量调控，在保障资源供应的同时，在高端应用领域进一步强化。加强对国家优势矿产

的保护，提高开发利用的准入条件，确保优质优用。避免资源破坏和浪费当前无法合理利用的矿产资源，对其开采进行限制。具有重要价值的矿产地需要加强保护力度，将对国民经济具有重要价值矿区、生态功能区内已探明的大型、中型矿产地、因压覆和涉及国家产业政策不能开发的矿产资源作为国家矿产地予以储备。

六、推动矿业城市资源产业转型升级，实现区域可持续发展

1. 分类型选择产业发展与转型路径

根据资源型城市发展的不同阶段，参考国务院 2013 年发布的《全国资源型城市可持续发展规划（2013—2020 年）》，可将资源型城市分为成长、成熟、衰退和再生四种类型。不同阶段的资源型城市，资源开发和生态环境保护的协调关系不同，地方经济发展、产业转型的任务和可持续发展路径也不同。

（1）成长型城市（如贵州省六盘水市、云南省昭通市等）

提高开发矿产资源企业的准入门槛，确定科学合理的资源开发强度，严格管控环境影响评价机制，促进资源型企业环境治理成本内部化。提高资源深加工水平，加速完善上下游配套产业，推进新型城市工业化发展，积极谋划新兴产业战略性布局。必须着眼长远，科学合理地规划城市发展，处理好矿产资源开发与城市经济发展之间的关系，推动城市新型工业化和城镇化的协调发展。

（2）成熟型城市（如湖北省保康县、江西省赣州市等）

提高资源的开发利用效率，提高产业技术水平，延伸资源产业链条，培育资源深加工产业集群，打造龙头企业。加速资源加工产业结构调整升级，推动形成相应的支柱型替代产业。高度重视当前存在的生态环境问题，提倡环境治理成本内部化，切实做好矿业区地质环境治理以及矿业区域土地复垦工作。

（3）衰退型城市（如安徽省铜陵市、湖南省冷水江市等）

处理城市内部二元结构问题，解决历史遗留问题，如加快地质灾害隐患综合治理等。

加大我国政策支持力度，大力扶持接替代性产业发展，不断增强替代性产业可持续发展能力。

（4）再生型城市（如安徽省马鞍山市等）

优化产业经济结构，提高区域经济发展质量以及效益。深化对外开放水平，提高科技创新水平，改造传统产业，培育战略性新兴产业，促进现代服务业的进一步发展。加强对民生领域的投入，推进公民可均等地获得基本公共服务的权利。

2. 分区域推进矿业城市可持续发展

由于各区域经济发展水平、资源禀赋现状均存在差异，同时生态环境和资源环境承载能力也有所差异，所以必须实行分区域、差异化的矿业城市资源型城市产业发展、转型策略。

对于上游地区来说，由于受到经济技术条件的限制，矿业城市产业发展的方式仍旧比较粗放，环境保护与经济发展的矛盾突出，因此矿业城市转型的主要任务是要推动产业转型发展，从粗放式发展转变为绿色集约发展。党的十九大以来，我国政府先后出台了多项政策，如能源总量控制政策、大气污染防治政策、淘汰落后产能政策等，这些政策对上游地区资源型产业转型形成了强有效的"倒逼"机制。与此同时，传统的粗放式、低效率的开采生产模式已经无法适应现代市场的竞争模式，推进传统产业的绿色化、集约化转型是资源型城市转型升级的必经之路，绿色、低碳、可循环发展是上游地区产业未来发展的必然趋势。第一，规范矿产资源开采秩序，合理控制开发强度，严格遵守政府提出的环境影响评价制度，形成规范、有序、环保的资源开发步骤。第二，以规划提出的"减量化、再利用、资源化"为原则，大力引进先进的节能环保生产技术，鼓励、支持相关企业建立集节能减排和低碳发展于一体的管理机制，提升矿产资源开采、利用、加工水平，提高矿产资源循环利用效率，推动发展节能、环保等所需产业。第三，大力发展循环、低碳、绿色经济，积极发展节能减排、高端制造等新型低碳环保产业，将节能环保产业作为当前社会发展新的经济增长点培育，不断淘汰污染程度高、能耗消耗量大、生产效率低的产业，加快资源型产业的低碳改造，推进上游地区产业经济结构朝着绿色化、集约化的方向转型。

对于中游地区来说，产业结构的单一化是困扰资源型地区高效发展的主要因素，需促进中游地区产业的多元化发展，弱化、避免单个企业独大的资源主导型产业格局。在城市多元化转型的过程中，要立足矿业城市的地区优势、资源优势及产业优势，提高产业资源竞争力，同时要继续培育发展城市特色化非资源型产业。首先，必须加快整合现有的资源，通过淘汰落后产能、促进企业资产重组、延长产业链、打造城市特色产业集群等方式，提高矿业城市传统产业的竞争力；其次，推动非资源型城市产业的培育和发展，着重培养具有比较优势、符合当前市场需求的战略性新兴产业，特别是污染低、排放低、附加值高的产业。同时，针对中游资源型地区产业存在产业链条较短和初级产品较多等问题，解决这一系列问题的根本途径就是由优势资源开采模式逐渐转变为资源加工升级模式。因此，应逐步提升中游地区的科技贡献率，加速经济增长与资源消耗的脱钩，推动资源型产业创新驱动转型。第一，需利用传统资源产业的基础优势，提高资源产业深加工能力，提高产业生产效率，促进产品升级，提升产品竞争力。第二，尤其要加大对自主创新型中小企业的支持力度，打造科技创新联盟以及现代创新型产业集群，依靠市场竞争机制推动企业发展，逐渐形成规模化、集群化、多元化的新型产业格局。第三，积极推进李克强总理 2014 年提出的"大众创业、万众创新"理念，不断激发社会创新、创业活力，积极培育创业人才，发展创业技术市场。我国政府在制定政策、配置资源上，应当主动向自主创新型企业倾斜，提高企业生产的积极性，此外，还需将高新技术企业的各类优惠政策落到实处。

对于下游地区来说，社会经济发展水平较高，具有良好的产业转型基础，加快产业服务化转型是下游区域工业化发展的必然趋势。第一，传统的重工业产业存在规模化生产模式产能过剩、成本较高以及同质化竞争激烈等问题，促进现代服务业发展，有利于改善服务业发展环境，完善城市功能，促进企业就业增长。第二，推进制造产业服务化，引导第一、第二产业不断向服务业延伸，改进制造方式和提高服务业态，促进传统制造业朝着数字化、智能化、服务化的方向转型。第三，促进生产性服务业创新发展，完善健全生产性服务体系，围绕生产功能延伸制造业技术研发、产品设计、售后服务等生产性服务步骤，培育包含文化旅游、电子商务、中介服务以及现代物流等多方面的现代化服务业，促进服务产业与第一、第二产业的有机融合。第四，围绕针对服务业提出的"便利化、精细化、品质化"这一发展导向，推动生活性服务业的快速发展，积极培育新模式、新业态的服务业，增加有效供给以及人们的消费需求，全面提高质量效益，满足人们的物质需求和精神需求，打造适宜人们居住以及从事经济活动的生活环境（表5-17）。

表5-17 长江经济带11省（直辖市）及青海省矿业城市可持续发展对策

地区	可持续发展对策
上海市	无矿业城市
江苏省	运用经济、技术及行政等多方面手段，统一解决矿业村庄或建筑物的搬迁、矿山使用过的废弃地复垦、矿区生态环境修复等问题，推进矿业区域城镇化进程，提高矿区土地集约水平，将改善矿区生态环境落到实处，有效推进各地资源枯竭型矿区城镇转型发展，如徐州矿地、贾汪矿产等
浙江省	推动武义县萤石，青田县钼金属、叶蜡石节约集约开发利用保护，继续推动矿山开采企业转型升级
安徽省	积极推进淮北市、铜陵市等4个资源型城市的绿色发展。政府实施分类指导工作，加快成长型、成熟型城市的规模化发展，提高资源节约利用意识，转变矿产资源开发利用模式，引导资源型城市从单一化资源型产业转变为多元化资源产业，保障我国经济的可持续、高质量发展。 针对两淮地区以煤炭为主的资源型城市具体发展状况，除推进对煤炭等矿产资源勘查外，还应该大力推崇煤电、煤化工等多方面一体化建设，积极改进煤炭加工技术，不断提高煤炭转换率，力求达到煤矿区"三率"达标。开发新的煤炭洁净工艺技术，提高煤炭资源洁洗比例，推进优质煤炭、煤层气利用以及煤化工企业的快速发展。着力加快以开发矿产资源为基础、以发展相关产业为导向、以国际市场合作为纽带的矿产资源集团，坚定不移地推进矿业城市的绿色、可持续发展
江西省	以矿业为主的11个资源型城市转型升级工作，必须积极推进和实施具有地域特色的城市发展转型战略。 针对贵溪市、赣州市、瑞昌市、庐山市以及德兴市等资源成熟型城市，应提高开发利用矿产资源的效率，提升矿产产业技术水平，扩展企业产业链，扶持龙头企业集群。针对萍乡市、景德镇市以及新余市等资源衰退型城市，应加大当地政府的支持力度，出台科学有效的政策，加快矿业城市的转型升级，大力发展新兴矿业产业，扶持可替代产业发展，进一步增强产业可持续发展能力。努力化解过去矿山存在的历史遗留问题，将治理恢复地质环境工作落到实处，如处理遗留矿坑、沉陷区等

地区	可持续发展对策
湖北省	全省资源型城市主要有9个，其中鄂州市、宜都市和应城市等地区为成熟型城市，黄石市、大冶市、应城市以及潜江市等区域为衰退型城市。就湖北省具体情况而言，依据分类指导、发展特色产业等原则，积极引导矿业城市走上可持续发展的道路。 第一，提升矿业城市保障资源的能力。针对保康县等成熟型城市，开展全方位矿产资源调查，尽快找出矿靶区，便于后续实施矿产勘查等工作，争取发现新的矿产资源区域；针对大冶市等衰退型城市，一方面进一步挖掘老矿区深处，另一方面加大从外围找矿的力度，力争发现具有较大开发规模的矿床。积极引导矿业企业使用更先进的工艺技术，有效地提高矿产采选回收效益，以矿山固体废物为重点治理对象，建设配套综合利用设施，显著提高矿产资源保障能力。 第二，构建绿色、可持续、生态环保的产业体系。支持产业由矿产资源优势朝着设经济发展优势转型，促使矿产资源产业链向下游延伸，提高矿产品深加工水平，如钢铁以及有色金属等。发展绿色、环保、节能产业，打造高附加值的新型建筑材料，力求打造产品特色鲜明、供应链完整、主营业务突出以及多元化的深加工产业基地。提高矿产资源综合利用率，重点培育资源深加工等替代性产业集群。综合考虑资源型城市产业基础以及未来发展导向，拓展物流、旅游等具有鲜明特色的现代化服务业。 第三，建设适宜人们居住的矿业生态新城。积极推进"绿满荆楚"行动，加快矿山修复工程，实现周边地区的废弃地区治理全覆盖，全面提高区域绿化面积及覆盖率。推进水、土壤、大气三者的污染防治进程，面对大气污染问题，必须要加大对钢铁、化工等重点工业企业大气污染治理力度；面对水环境污染问题，推进河流湖泊的综合治理以及生态环境修复工作，提倡"山水林田湖草"是生命共同体理念；面对固体废物污染问题，大力提倡清洁生产以及循环利用，力求改善人们生存的环境，建设适宜群众居住的生态新城
湖南省	鼓励资兴市、常宁市、耒阳市等5个资源枯竭型城市采取多元化发展模式，积极构建矿业循环经济产业体系。鼓励通过提高自主创新能力，谋求经济发展方式转变；鼓励发展工矿旅游，支持利用废弃矿区发展种植、养殖；投入更多用于治理环境的资金，解决矿山自然环境历史遗留问题；加强资源枯竭型城市之间相关产业的关联互补，加强相邻区域的分工合作。 合理推进郴州市、娄底市、花垣县等资源型市、县矿产勘查工作，提高矿产资源储备量。发展精加工产业，拓展矿业产品深加工链，提升矿产品附加价值
重庆市	铜梁区、垫江县、城口县、奉节县、云阳县、秀山土家族苗族自治县等县级行政区资源开发处于稳定阶段，矿产资源保障程度相对较高。必须提高开发矿产资源的效率，提升资源型产业生产水平；结合实际情况适度开发，拓展上下游产业链。 南川区、万盛区等区因煤炭资源趋于枯竭，铝土矿等可接替支柱性产业还需进一步培育，充分挖掘当地区域矿产资源潜力，做好替代矿山资源找矿工作；积极实施煤气化、煤化工、煤电的转型，提高煤炭的就地转化率；重点做好接替资源培育工作，积极探索新型支柱性产业的转型与升级；推动闭坑矿山地面或地下空间的开发利用，逐步增强可持续发展能力

地区	可持续发展对策
四川省	支持矿业城市发展、培育、壮大矿业产业经济，强化城市可持续发展能力。加大对成长型矿业城市的资源勘查力度，推动形成一批重点矿产资源基地。提高成熟型矿业城市资源高效开发利用效率，鼓励矿业企业规模化经营，延伸矿业产业供应链条，加快矿业企业转型升级。支持鼓励衰退型城市寻找替代性矿产资源，增强对遗留矿山环境问题以及损毁土地的整治力度，有效改善人们居住的环境。此外，借助企业资本市场化手段，创新企业投资、融资体制，实现资源产业的改造以及转变
云南省	全省资源型城市共有 17 个，其中成长型城市包括昭通市和楚雄彝族自治州；成熟型城市包括保山市、临沧市、普洱市、开远市等地区；衰退型城市包括个旧市、东川区等区域；再生型城市包括丽江市以及香格里拉市。 成长型城市：规范矿产资源内部开发秩序，内部化企业环境治理成本。提高矿产资源产业深加工水平，推动配套矿业产业发展，谋划战略性新兴矿产产业，加快推进城市的新型工业化。成熟型城市：提高资源产业加工矿产的技术水平，促进资源的开发利用效率，拓展矿产资源企业的供应链，培育一批矿产资源龙头企业。以保障和改善民生为主基调，加快发展矿业地区社会事业，提升地区公共服务水平。衰退型城市：打破城市内部固有的二元结构，积极推进棚户区改造，化解遗留矿产开发问题，解决失业矿工再就业问题，加快沉陷区、滑坡等地质灾害隐患点的综合治理
贵州省	针对六盘水市等成长型城市，必须严格遵守矿产资源开发要求，科学把控矿产资源开发强度，形成一批重点矿产资源战略接续基地。考虑更长远的目标，科学规划城市未来的发展，处理好资源开发与社会发展之间的关系，保证新型工业化和城镇化的协调发展。针对开阳县等成熟型城市，积极推进矿业企业产业结构升级，高度重视当地存在的生态环境问题，保障和改善人民群众的生活环境，将治理矿山地质环境以及复垦矿区土地等工作落到实处。针对万山区等衰退型城市，依据当地出台的政策，发展替代性产业，逐步强化城市绿色发展能力
青海省	支持城市发展、壮大矿产经济，推动城市可持续、绿色发展，实现"保护中发展"的资源可持续发展路线，控制矿产资源开发强度，提高企业开发矿产资源准入门槛，尽可能减少人为活动对生态系统的不良影响。针对成长型矿业城市，要增强勘探矿产资源力度，规范矿产资源开发秩序，加速形成一批新矿产资源产地；针对成熟型矿业城市，促进矿产资源的高效开发，提高矿产资源的利用效率；针对衰退型矿业城市，治理、恢复遗留矿山自然环境，改善人们居住的生态环境。争取到2020年，我国矿业城市可持续发展能力进一步增强

七、建立流域矿产资源生态补偿机制

在党的十九大报告中，习近平总书记指出，要建立市场化、多元化生态补偿机制。建立并完善全流域、多方位的生态补偿机制和环境保护体系，优先解决严重污染水体、重点城镇和水域生态治理等环境污染问题，着力提升生态环境的修复能力，逐步发挥山水林田湖草的综合生态效益，建立流域生态补偿、环境保护和经济可持续发展之间的促进关系。

　　以改善生态环境质量为核心，参考生态环境功能类型和重要性，有效实施精准考核，推动形成资金分配和保护成效挂钩的机制。将纵向补偿机制和横向补偿机制两者结合，推动建立长江经济带流域矿产资源生态补偿机制，充分调动流域上下游区域的积极性，推动形成"成本共担、效益共享、合作共治"的流域保护机制，确保自然资源得到保护，优良生态产品的区域得到相应补偿，有效改善流域生态环境质量（图 5-4）。

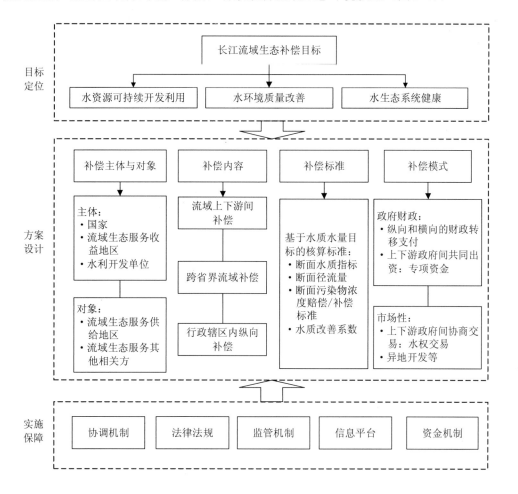

图 5-4　长江经济带 11 省（直辖市）及青海省生态补偿机制建设框架

1. 完善矿山环境治理恢复基金制度和生态修复制度

2017 年 7 月 24 日，财政部、国土资源部、环境保护部联合发布了《关于取消地质环境恢复治理保证金　建立矿山地质环境治理恢复基金的指导意见》（财建〔2017〕638号），该意见明确了企业无须缴纳保证金、企业矿山环境治理恢复职责、企业基金的缴存方式、企业动态监管机制等内容。对于矿区已造成的生态环境污染主要由国家基金治理，治理基金主要来自政府财政拨款以及向还在生产的矿山企业征收生态环境补偿费，同时指出新矿区造成的破坏由矿山企业承担所有治理责任。对于被破坏的生态环境，企业一般采取以下两种补偿形式：现金补偿和修复治理。其中现金补偿主要针对煤炭开采中造成的直接损害，如地上附着物损害、耕地占用等容易判断损害物品金额的行为，将给予现金补偿。而修复补偿主要指矿山企业需要将被破坏的生态环境恢复治理到原生生态系统状态，其中又包括两种补偿方式：企业修复补偿以及政府治理。

依据"企业所有、政府监管、专款专用"等原则，督促保证矿山企业履行应该执行的环境治理恢复义务，专项用于云南省滇西北区域、四川省阿坝藏族羌族自治州和凉山彝族自治州等地区、贵州省局部地区、湖南省娄底市、邵阳市等煤矿区因采矿导致的地质灾害严重地区，江西省部分重金属污染严重区域，做好地表植被损毁预防、废弃矿山逐渐修复治理和矿山地质环境监测等工作。

综上所述，矿山企业生态补偿资金主要包括两部分：一是废弃矿山生态环境补偿费；二是生态环境恢复治理基金。其中废弃矿山生态环境补偿费由地方政府部门征收，设立专门账户，专款专用，收取后再上缴国家。生态环境恢复治理基金存到企业在银行设立的生态修复基金账户中，单独反映资金情况，在国家政府的监管下使用。

2. 加大对中上游生态功能区的生态补偿力度

完善生态资源占用核算，基于矿产资源消费、污染排放类型以及开发区域类型扩大量化生态足迹的范围，构建包括长江经济带各区域以及生态空间在内的生态数据库，并基于生态服务功能类型扩展生态资源占用核算，有利于核算被间接占用的自然空间的生态价值，同时为量化环境资源管理以及区域生态补偿制度奠定基础。

借鉴生态足迹法和生态系统服务功能经济价值核算的方法，量化矿产资源消费占用了多少生态空间，并将消耗矿产资源产生的碳排放与具备固碳能力的草地、林地等结合，测算当前长江经济带 11 省（直辖市）及青海省各区域耕地、林地、草地以及水域的生态赤字量，并基于得到的生态赤字价值设计相应的生态补偿方案，将生态环境占用与供给侧生态承载力结合，逐步减少矿产资源消耗，降低污染排放对自然资源和生态空间的占用，促进生态环境平衡以及社会可持续发展。

通过转移相关税负促进区域绿色可持续发展，在生态补偿的基础上，降低劳动和资本要素税收负担。通过转移税负促进企业创业创新，提高区域全要素生产率，推动区域经济增长动能转换。

3. 加快生态环境损害赔偿制度改革

明确生态环境损害的责任主体、赔偿范围、索赔主体以及损害解决途径，加快推进包括重庆市、江苏省、云南省、江西省 4 个省（直辖市）在内的生态环境损害制度改革试点，继续完善长江经济带 11 省（直辖市）及青海省矿产资源开发生态环境损害赔偿。

长江经济带流域覆盖区域极广，不同区域之间环保意识、资金水平、监测能力存在较大差异，因此针对不同区域设定的生态补偿标准也有很大不同。在制定生态环境补偿标准时，必须根据流域上下游的生态环境现状、治理修复成本、水质改善程度、泄水量保障等因素，综合考量生态补偿标准，将激励与约束机制落到实处。由生态环境部联合财政部等相关部门，统一设定长江经济带流域补偿标准，根据各地区水质环境状况、水域生态保护目标、区域经济水平等相关因素进行协商。按照区域流域水资源管理的统一要求，共同推进长江流域生态环境保护与治理工作，联合各部门共同处理跨界违法行为，共建生态环境污染应急联控联防机制。

4. 建立自然保护区矿业权退出转移支付制度

对探矿权、采矿权期限分类按照成本补偿法、价值评估法强制要求自然保护区较多的青海省三江源草原草甸湿地、中部防风固沙、西宁市海东地区，云贵川地区沱江、金沙江、雅砻江、岷江地区矿山，浙江省凤阳山、天目山等地区矿业权退出，研究矿业权退出的企业意愿金额。

对达到生态补偿协议的重点环境流域，中央财政部门将给予财政资金奖励，具体的奖励额度将根据长江流域上下游地方政府协商的补偿金额标准以及中央政府在治理不同流域中承担的事权等多方面因素确定。对于率先达成补偿协议的流域优先给予支持，鼓励当地部门尽早建立防控机制，推动形成"成本共担、效益共享、合作共治"的流域保护以及治理长效机制，给予保护生态环境、提供优良生态产品的区域得到应有的补偿，有效确保流域自然生态环境质量不断提高。

长江经济带矿业生态补偿主要依靠政府的财政转移支付，这种方式不仅可以充分调动流域上下游地方政府之间的积极性，还能保障中央对地方的有效监管。但这种补偿方式往往存在补偿金额偏低、手续烦琐、保护区利益无法得到保障等问题，在一定程度上降低了当地政府保护生态保护区的积极性。亟须建立矿产资源补偿市场，赋予生态环境保护区独立、公平、对等的市场地位。在双方自愿的基础上，进行生态补偿协商工作，保障双方的意愿，有助于提升双方保护生态环境的积极性。必须充分运用不同种类的补偿方式，包括政策性补偿、对口支援、社会捐赠等多种补偿手段，促进生态补偿方式的多元化，调动各利益相关方的积极性。

参考文献

[1] 成金华，彭昕杰. 长江经济带矿产资源开发对生态环境的影响及对策[J]. 环境经济研究，2019，4（2）：125-134.

[2] 方传棣，成金华，赵鹏大，等. 长江经济带矿区土壤重金属污染特征与评价[J]. 地质科技情报，2019，38（5）：230-239.

[3] 方传棣，成金华，赵鹏大. 大保护战略下长江经济带矿产—经济—环境耦合协调度时空演化研究[J]。 中国人口·资源与环境，2019，29（6）：65-73.

[4] 左芝鲤，郭海湘，成金华. 长江经济带空气质量影响因素研究[J]. 环境经济研究，2018，3（4）：150-167.

[5] 王然，成金华，王小林. 中国矿业经济区矿产资源保障程度差异性研究[J]. 中国人口·资源与环境，2015，25（12）：138-146.

[6] 陈军，成金华. 中国矿产资源开发利用的环境影响[J]. 中国人口·资源与环境，2015，25（3）：111-119.

[7] 郑德志，任世华. 我国煤炭"绿色矿山"建设发展历程及未来展望[J]. 煤炭经济研究，2020，40（1）：37-41.

[8] 于立宏，王艳，陈家宜. 考虑环境和代际负外部性的中国采矿业绿色全要素生产率[J]. 资源科学，2019，41（12）：2155-2171.

[9] 王永卿，王来峰，邓洪星，等. 湖北省"绿色矿山"建设影响因素及其效果分析[J]. 资源科学，2019，41（8）：1513-1525.

[10] 徐金英，郑利林，徐力刚，等. 南方丘陵区河流表层沉积物重金属污染评价[J]. 中国环境科学，2019，39（8）：3420-3429.

[11] 黄磊，吴传清. 长江经济带城市工业绿色发展效率及其空间驱动机制研究[J]. 中国人口·资源与环境，2019，29（8）：40-49.

[12] 刘伟, 邓久荣. 采矿工程中绿色开采技术的运用分析[J]. 世界有色金属, 2019 (11): 43, 46.

[13] 张玉韩, 吴尚昆, 董延涛. 长江经济带矿产资源开发空间格局优化研究[J]. 长江流域资源与环境, 2019, 28 (4): 839-852.

[14] 孙博文, 程志强. 市场一体化的工业污染排放机制: 长江经济带例证[J]. 中国环境科学, 2019, 39 (2): 868-878.

[15] 郑先坤, 朱易春, 连军锋, 等. 新常态下江西省"绿色矿山"建设供给侧改革发展策略研究[J]. 中国人口・资源与环境, 2018, 28 (S2): 82-86.

[16] 祁有祥. "绿色矿山"背景下建筑骨料矿山植被恢复模式[J]. 中国人口・资源与环境, 2018, 28 (S2): 87-90.

[17] 李英华. 我国主要磷矿、硫铁矿集中开采区水土污染现状分析[J]. 化工矿产地质, 2018, 40 (4): 241-246.

[18] 周杰文, 蒋正云, 李凤. 长江经济带绿色经济发展及影响因素研究[J]. 生态经济, 2018, 34 (12): 47-53, 69.

[19] 吴传清, 黄磊. 承接产业转移对长江经济带中上游地区生态效率的影响研究[J]. 武汉大学学报 (哲学社会科学版), 2017, 70 (5): 78-85.

[20] 吴传清, 黄磊. 长江经济带绿色发展的难点与推进路径研究[J]. 南开学报 (哲学社会科学版), 2017 (3): 50-61.

[21] 韦光, 贺基文, 胡欣欣. 典型有色金属矿山重金属迁移规律与污染评价研究[J]. 世界有色金属, 2017 (6): 54-55.

[22] 黄娟, 程丙. 长江经济带"生态优先"绿色发展的思考[J]. 环境保护, 2017, 45 (7): 59-64.

[23] 丁婷婷, 葛察忠, 段显明. 长江经济带污染产业转移现象研究[J]. 中国人口・资源与环境, 2016, 26 (S2): 388-391.

[24] 李干杰. 坚持走生态优先、绿色发展之路 扎实推进长江经济带生态环境保护工作[J]. 环境保护, 2016, 44 (11): 7-13.

[25] 刘文婧, 耿涌, 孙露, 等. 基于能值理论的有色金属矿产资源开采生态补偿机制[J]. 生态学报, 2016, 36 (24): 8154-8163.

[26] 吴传清, 董旭. 环境约束下长江经济带全要素能源效率研究[J]. 中国软科学, 2016 (3): 73-83.

[27] 宋丽颖, 王琇. 公平视角下矿产资源开采收益分享制度研究[J]. 中国人口・资源与环境, 2016, 26 (1): 70-76.

[28] 陈丹, 王然. 我国矿业城市生态文明发展水平差异性评价研究[J]. 生态经济, 2016, 32 (1): 212-217.

[29] 张彦英, 樊笑英. 矿产资源开发与生态保护协调发展问题研究[J]. 中国国土资源经济, 2015, 28

（10）：4-7.

[30] 汪克亮，孟祥瑞，杨宝臣，等. 基于环境压力的长江经济带工业生态效率研究[J]. 资源科学，2015，37（7）：1491-1501.

[31] 徐君，李贵芳，王育红. 国内外资源型城市脆弱性研究综述与展望[J]. 资源科学，2015，37（6）：1266-1278.

[32] 邵朱强. 有色金属行业环境污染及减排出路探析[J]. 环境保护，2014，42（21）：39-41.

[33] 文琦. 中国矿产资源开发区生态补偿研究进展[J]. 生态学报，2014，34（21）：6058-6066.

[34] 李鹏飞，杨丹辉，渠慎宁，等. 稀有矿产资源的战略性评估——基于战略性新兴产业发展的视角[J]. 中国工业经济，2014（7）：44-57.

[35] 靳利飞，安翠娟. 关于"绿色矿山"建设的优惠政策探讨[J]. 中国人口·资源与环境，2014，24（S2）：349-351.

[36] 王浦，周进生，王春芳，等. 矿业城市低碳发展与"绿色矿山"建设[J]. 中国人口·资源与环境，2014，24（S1）：16-18.

[37] 李鹤，张平宇. 矿业城市经济脆弱性演变过程及应对时机选择研究——以东北三省为例[J]. 经济地理，2014，34（1）：82-88.

[38] 李志国，崔周全. 我国磷矿资源节约与综合利用现状分析及对策[J]. 中国矿业，2013，22（11）：54-58.

[39] 沈镭，高丽. 中国西部能源及矿业开发与环境保护协调发展研究[J]. 中国人口·资源与环境，2013，23（10）：17-23.

[40] 李国平，郭江. 能源资源富集区生态环境治理问题研究[J]. 中国人口·资源与环境，2013，23（7）：42-48.

[41] 范小杉，罗宏. 工业废水重金属排放区域及行业分布格局[J]. 中国环境科学，2013，33（4）：655-662.

[42] 李如忠，潘成荣，徐晶晶，等. 典型有色金属矿业城市零星菜地蔬菜重金属污染及健康风险评估[J]. 环境科学，2013，34（3）：1076-1085.

[43] 张复明. 资源型区域面临的发展难题及其破解思路[J]. 中国软科学，2011（6）：1-9.

[44] 景普秋. 基于矿产开发特殊性的收益分配机制研究[J]. 中国工业经济，2010（9）：15-25.

[45] 闫军印，吴楠，宋怡. 矿业城市资源产业循环经济系统的设计与优化——以河北省唐山市为例[J]. 资源科学，2010，32（7）：1362-1370.

[46] 张复明. 矿产开发负效应与资源生态环境补偿机制研究[J]. 中国工业经济，2009（12）：5-15.

[47] 曲勃. 基于系统动力学的矿产资源开发生态社会经济系统研究[J]. 工业技术经济，2009，28（10）：111-114.

[48] 王华俊，杜欢政，彭勃. 日本发展有色金属循环经济的经验与启示[J]. 世界有色金属，2008（1）：65-67.

[49] 龙如银. 资源外部性与矿业城市补偿机制探讨[J]. 中国软科学，2005（3）：150-154.

[50] 王文，王永生. 矿产资源开发与生态环境保护探讨[J]. 中国人口·资源与环境，2003（4）：122-124.

附表 长江经济带矿产资源限制开采区清单

地区	开采区名称	主要矿产	已设采矿权数量/个	拟设采矿权数量/个	限制条件
浙江省	苍南县矾山镇明矾石限采区	明矾石	1	0	年开采总量控制在 15 万吨以内,提升综合利用水平,加强矿山环境保护
	临安区夏色岭钨矿限采区	钨矿	1	0	年开采总量控制在 1 000 吨以内;加强外围深部找矿,提升综合利用水平,加强矿山环境保护
云南省	兰坪白族普米族自治县河西乡银铜多金属矿区	—	—	0	储备区
	金平苗族瑶族傣族自治县阿得博乡独居石砂矿	—	—	0	限制开采稀土矿
	陇川县龙安村稀土矿	—	—	1	限制开采稀土矿
	勐海县勐往乡独居石砂矿	—	—	0	限制开采稀土矿
	勐海县勐海镇独居石砂矿	—	—	3	限制开采稀土矿
	勐海县勐康村磷钇矿砂矿	—	—	0	限制开采稀土矿
	勐海县勐阿镇磷钇矿独居石砂矿	—	—	0	限制开采稀土矿
四川省	华蓥山限制开采区	煤(中高硫煤)	130	16	限制开采煤矿
	芙蓉山限制开采区	煤(高中硫煤)	187	5	限制开采煤矿
	虎牙限制开采区	铁锰矿	2	0	限制开采铁矿、锰矿
	巴塘县夏塞限制开采区	银矿、锡矿、铅矿、锌矿	1	0	限制开采银矿、锡矿、铅矿、锌矿
	岔河乡限制开采区	锡矿	1	0	限制开采锡矿
	松潘县限制开采区	金矿	0	0	限制开采金矿
	大陆槽乡限制开采区	稀土矿	2	0	限制开采稀土矿
	成都平原限制开采区	芒硝	19	3	限制开采芒硝
	威西限制开采区	岩盐	6	10	限制开采岩盐
	石棉县限制开采区	石棉	2	0	限制开采石棉
	康定市赫德限制开采区	钨锡矿	1	0	限制开采锡矿、钨矿
上海市	上海市限制开采区	矿泉水、地热	12	3	限制开采上海市地下水、矿泉水和地热资源

地区	开采区名称	主要矿产	已设采矿权数量/个	拟设采矿权数量/个	限制条件
江西省	修水县香炉山钨矿限制开采区	钨矿	1	—	—
	武宁县大湖塘钨矿限制开采区	钨矿	5	—	—
	浮梁县徐家尖钨矿限制开采区	钨矿	1	—	—
	浮梁县朱溪钨矿限制开采区	钨矿	0	—	—
	安福县浒坑钨矿限制开采区	钨矿	2	—	—
	分宜县雅山钨矿限制开采区	钨矿	1	—	—
	分宜县下桐岭钨矿限制开采区	钨矿	1	—	—
	丰城市徐山钨矿限制开采区	钨矿	4	—	—
	崇仁县聚源钨矿限制开采区	钨矿	2	—	—
	宜黄县大王山钨矿限制开采区	钨矿	4	—	—
	井冈山市杨坑村钨矿限制开采区	钨矿	1	—	—
	泰和县小龙钨矿限制开采区	钨矿	1	—	—
	兴国县画眉坳钨矿限制开采区	钨矿	3	—	—
	万安县红桃峰钨矿限制开采区	钨矿	1	—	—
	遂川县碧洲镇钨矿限制开采区	钨矿	3	—	—
	上犹县丰田坑钨矿限制开采区	钨矿	0	—	—
	崇义县淘锡坑钨矿限制开采区	钨矿	4	—	—
	崇义县茅坪—大余县樟斗钨矿限制开采区	钨矿	9	—	—
	大余县九龙脑钨矿限制开采区	钨矿	8	—	—
	大余县白井钨矿限制开采区	钨矿	1	—	—
	大余县西华山—漂塘钨矿限制开采区	钨矿	17	—	—
	赣州市笔架山钨矿限制开采区	钨矿	3	—	—
	赣县区长坑钨矿限制开采区	钨矿	2	—	—
	于都县庵前钨矿滩限制开采区	钨矿	1	—	—
	于都县黄沙钨矿限制开采区	钨矿	2	—	—
	于都县盘古山钨矿限制开采区	钨矿	2	—	—
	赣县区罗垅钨矿限制开采区	钨矿	1	—	—
	赣县区东埠头钨矿限制开采区	钨矿	1	—	—
	全南县大吉山钨矿限制开采区	钨矿	1	—	—
	赣县区田村镇稀土矿限制开采区	轻稀土矿	2	—	—

地区	开采区名称	主要矿产	已设采矿权数量/个	拟设采矿权数量/个	限制条件
江西省	赣县区大埠乡稀土矿限制开采区	重稀土矿	2	—	—
	赣县区阳埠乡稀土矿限制开采区	轻稀土矿	2	—	—
	赣县区韩坊乡稀土矿限制开采区	轻稀土矿	6	—	—
	信丰县安西镇稀土矿限制开采区	轻稀土矿、重稀土矿	6	—	—
	定南县甲子背稀土矿限制开采区	轻稀土矿	10	—	—
	全南县长城稀土矿限制开采区	轻稀土矿	1	—	—
	龙南县富坑稀土矿限制开采区	重稀土矿	1	—	—
	龙南县足洞稀土矿限制开采区	重稀土矿	3	—	—
	安远县岗下限制开采区	轻稀土矿、重稀土矿	10	—	—
	寻乌县项山稀土矿限制开采区	轻稀土矿	6	—	—
	定南县沙头稀土矿限制开采区	轻稀土矿	0	—	—
湖南省	龙山县—桑植县煤炭限制开采区	煤矿	34	—	限制矿种
	临澧县—澧县石膏限制开采区	石膏	39	—	环境问题
	花垣县锰矿限制开采区	锰矿	27	—	环境问题
	凤凰县汞矿限制开采区	汞矿	4	—	环境问题
	中方县—辰溪县煤炭限制开采区	磷矿、煤矿	64	—	限制矿种
	娄底市煤炭限制开采区	煤矿、钒矿、铅矿、锌矿、锑矿、金矿、石膏	170	—	限制矿种
	宁乡市—桃江县锰矿、煤炭限制开采区	煤矿、铁矿、锰矿	12	—	限制矿种、环境问题
	湘潭市锰矿限制开采区	煤矿、锰矿	8	—	环境问题
	浏阳市煤炭限制开采区	煤矿	6	—	限制矿种
	隆回县—邵东市煤炭限制开采区	煤矿、锰矿、石膏、水泥用灰岩	26	—	限制矿种

地区	开采区名称	主要矿产	已设采矿权数量/个	拟设采矿权数量/个	限制条件
湖南省	湘潭县煤炭限制开采区	煤矿	9	—	限制矿种
	衡阳市钨矿限制开采区	普通萤石、铁矿、钨矿	5	—	限制矿种
	攸县煤炭限制开采区	煤矿	53	—	限制矿种
	攸县—茶陵县钨矿限制开采区	铜矿、铅矿、锌矿、钨矿、锡矿	19	—	限制矿种
	武冈市—新宁县煤炭限制开采区	煤矿	12	—	限制矿种
	冷水滩区—祁阳县煤炭限制开采区	煤矿	6	—	限制矿种
	常宁市煤炭限制开采区	煤矿、铅矿、砷矿、铜矿、锌矿	8	—	限制矿种
	耒阳县—永兴县煤炭限制开采区	煤矿、钛矿	153	—	限制矿种
	永州市零陵锰矿限制开采区	锰矿	12	—	环境问题
	资兴市煤炭限制开采区	煤矿	21	—	限制矿种
	嘉禾县—桂阳县煤炭、钨矿限制开采区	煤矿、铁矿、铜矿、铅矿、锌矿、钨矿、锡矿、铋矿	43	—	限制矿种
	郴州市北湖钨矿限制开采区	钨矿	1	—	限制矿种
	苏仙区—宜章县钨矿限制开采区	铜矿、铅矿、锌矿、钨矿、锡矿、铋矿、钼矿、金矿	37	—	限制矿种
	临武县钨矿限制开采区	钨矿、锡矿	25	—	限制矿种
	桂阳县—宜章县煤炭限制开采区	煤矿、石墨、钨矿、锡矿	73	—	限制矿种
	汝城县钨矿限制开采区	钨矿	2	—	限制矿种
	江华县钨矿、稀土矿限制开采区	钨矿、锡矿、锆矿、铌矿、轻稀土矿	7	—	限制矿种

地区	开采区名称	主要矿产	已设采矿权数量/个	拟设采矿权数量/个	限制条件
湖北省	十堰市郧西县徐家湾铁矿限制开采区	铁矿	2	1	超贫磁铁矿转采必须解决环境保护问题
	十堰市郧西县顺利沟矿区铁矿限制开采区	铁矿	0	2	核实已设矿权和拟设矿权与禁采区关系,转采必须解决环境保护问题
	十堰市郧阳区石鸡山铁矿开采规划区	铁矿	1	1	超贫磁铁矿转采需解决选冶对环境影响
	十堰市丹江口市陈家垭铁钒矿限制开采区	铁矿	3	0	采用先进适用技术,减少环境影响
	十堰市竹山县得胜绿松石矿限制开采区	绿松石	3	0	需保护性开采,禁止乱采滥挖
	随州市曾都区杨家湾磁铁矿限制采规划区	铁矿	1	0	—
	随州市随县淮河店铁矿限制开采区	铁矿	2	0	
	十堰市竹溪县羊圈子煤矿限制开采区	煤矿	2	0	煤矿两年内退出
	十堰市竹溪县洞滨石煤限制开采区	煤矿	5	0	煤矿两年内退出
	神农架林区阳日镇长青磷矿限制开采区	磷矿	1	0	区内采矿权部分区域落入神农架国家森林公园和一级国家公益林地,建议核实后协商处理;磷矿控制产能,提高资源利用效率
	襄阳市保康县尧治河磷矿限制开采区	磷矿	4	1	区内采矿权部分区域落入尧治河森林公园,建议核实后协商处理;磷矿控制产能,采矿权"减一增一"
	襄阳市保康县六柱垭磷矿限制开采区	磷矿	6	0	采用先进适用技术,提高"三率"水平
	襄阳市保康县古泉沟磷矿限制开采区	磷矿	6	0	公路从已设采矿权中穿过,建议与有关部门协商解决;磷矿采用先进技术,提高资源利用效率
	襄阳市保康县管驿沟硫铁矿限制开采区	硫铁矿	1	1	新设采矿权需处理好环境问题

地区	开采区名称	主要矿产	已设采矿权数量/个	拟设采矿权数量/个	限制条件
湖北省	神农架林区武山磷矿限制开采区	磷矿	4	0	已设采矿权部分区域落入一级国家公益林地范围,建议核实后协商处理
	襄阳市保康县白竹磷矿限制开采区	磷矿	5	0	区内采矿权部分区域落入一级国家公益林地,建议核实后协商处理
	神农架林区马鹿场磷矿限制开采区	磷矿	2	0	采矿权部分落入一级国家公益林地,建议核实后协商处理;磷矿要控制产能
	宜昌市兴山县兴隆磷矿限制开采区	磷矿	3	1	磷矿严格控制产能
	宜昌市兴山县胜凤磷矿限制开采区	磷矿	1	1	磷矿控制产能,提高资源利用效率
	宜昌市兴山县树崆坪磷矿限制开采区	磷矿	5	1	采用先进技术,调高"三率"水平
	宜昌市挑水河磷矿限制开采区	磷矿	10	2	控制采矿权总数,采矿权审批实行"减一增一"
	襄阳市保康县公溪沟煤矿、铁矿限制开采区	煤矿、铁矿	2	0	煤矿两年内退出
	襄阳市宜城市偏头山磷矿限制开采区	磷矿	3	0	充分利用中低品位磷矿石,提高磷矿资源利用率
	荆门市钟祥市荆襄磷矿限制开采区	磷矿	8	0	建议核实与楚皇城城址及公路关系后协商处理
	孝感市大悟县黄麦岭磷矿限制开采区	磷矿	2	0	深化矿业权整合
	宜昌市殷家坪磷矿限制开采区	磷矿	5	0	采用先进技术,充分利用中低品位磷矿石
	宜昌市肖家河磷矿限制开采区	磷矿	20	2	公路从区内采矿权中穿过,需与有关部门协商解决
	宜昌市远安县晒旗河磷矿限制开采区	磷矿	10	2	公路从区内采矿权中穿过,需与有关部门协商解决
	宜昌市远安县赵家河煤矿限制开采区	煤矿	9	0	煤矿两年内退出
	襄阳市南漳县东巩煤矿限制开采区	煤矿	11	0	煤矿两年内退出

地区	开采区名称	主要矿产	已设采矿权数量/个	拟设采矿权数量/个	限制条件
湖北省	恩施土家族苗族自治州巴东县宝塔河煤矿限制开采区	煤矿	2	0	煤矿两年内退出
	宜昌市兴山县耿家河煤矿限制开采区	煤矿	4	0	煤矿两年内退出
	宜昌市远安县杨青岭煤矿限制开采区	煤矿	2	0	煤矿两年内退出
	宜昌市远安县铁炉湾煤矿限制开采区	煤矿	18	0	煤矿两年内退出
	宜昌市远安县王家咀煤矿限制开采区	煤矿	5	0	煤矿两年内退出
	荆门市马河镇煤矿限制开采区	煤矿	15	0	煤矿两年内退出
	荆门市当阳市高屋场煤矿限制开采区	煤矿	6	0	煤矿两年内退出
	荆门市肖湾煤矿限制开采区	煤矿	16	0	煤矿两年内退出
	荆门市代湾煤矿限制开采区	煤矿	3	0	煤矿两年内退出
	荆门市钟祥市双河水泥用石灰岩限制开采区	水泥用石灰岩	1	1	——
	荆门市钟祥市秦冲磷矿限制开采区	磷矿	4	0	进行整改，扩大规模
	宜昌市远安县炭窑沟煤矿限制开采区	煤矿	13	0	煤矿两年内退出
	荆门市当阳市石马煤矿限制开采区	煤矿	8	0	煤矿两年内退出
	荆门市当阳市刘兴岗煤矿限制开采区	煤矿	2	0	煤矿两年内退出
	孝感市应城市应城石膏限制开采区	石膏	2	0	公路及水系从区内采矿权中穿过，需与相关部门协商
	恩施土家族苗族自治州建始县文家湾煤矿限制开采区	煤矿	7	0	煤矿两年内退出
	恩施土家族苗族自治州建始县五宝树煤矿限制开采区	煤矿	4	0	煤矿两年内退出
	恩施土家族苗族自治州建始县楂树坪煤矿限制开采区	煤矿	9	0	煤矿两年内退出
	恩施土家族苗族自治州建始县龙坪煤矿限制开采区	煤矿	3	0	煤矿两年内退出

地区	开采区名称	主要矿产	已设采矿权数量/个	拟设采矿权数量/个	限制条件
湖北省	恩施土家族苗族自治州建始县垭煤矿限制开采区	煤矿	2	0	煤矿两年内退出
	恩施土家族苗族自治州巴东县新家煤矿限制开采区	煤矿	7	0	关闭小煤矿
	恩施土家族苗族自治州巴东县核桃树煤矿限制开采区	煤矿	2	0	煤矿两年内退出
	恩施土家族苗族自治州巴东县十槽水煤矿限制开采区	煤矿	2	0	煤矿两年内退出
	恩施土家族苗族自治州巴东县黄马煤矿限制开采区	煤矿	3	0	煤矿两年内退出
	宜昌市长阳土家族自治县赵姑垭煤矿限制开采区	煤矿	2	0	煤矿两年内退出
	宜昌市秭归县冷家湾煤矿限制开采区	煤矿	6	1	煤矿两年内退出
	宜昌市秭归县沙溪镇煤矿限制开采区	煤矿	5	0	煤矿两年内退出
	宜昌市秭归县天星煤矿限制开采区	煤矿	2	0	煤矿两年内退出
	宜昌市秭归县白云山铁煤矿限制开采区	煤矿	2	0	煤矿两年内退出
	宜昌市秭归县杨林桥煤矿限制开采区	煤矿	2	0	煤矿两年内退出
	宜昌市背马山铁矿限制开采区	铁矿	1	1	——
	荆门市当阳市榨树湾煤矿限制开采区	煤矿	2	0	煤矿两年内退出
	荆门市京山县青龙山矿区（西矿段）水泥用石灰岩限制开采区	水泥用石灰岩	1	1	重点调控水泥用灰岩的开采规模，关闭小矿山
	孝感市应城市久大盐矿限制开采区	盐矿	4	0	长荆铁路和公路从区内采矿权中穿过，建议核实后协商处理；提高资源利用率
	孝感市云梦县隔蒲盐矿限制开采区	盐矿	2	0	区内采矿权部分区域落入应城省盐矿水采基地地质灾害保护区,汉丹铁路和公路从区内采矿权中穿过,建议核实后协商处理

地区	开采区名称	主要矿产	已设采矿权数量/个	拟设采矿权数量/个	限制条件
湖北省	孝感市应城市郎君盐矿限制开采区	盐矿	1	1	实行总量控制,适度开发
	黄冈市团风县杜皮铁矿限制开采区	铁矿	2	0	公路从区内采矿权中穿过,建议核实后协商处理
	恩施市太阳河煤矿限制开采区	煤矿	2	0	煤矿两年内退出
	恩施土家族苗族自治州利川市罗圈坝硫铁矿限制开采区	硫铁矿	2	0	区内采矿权部分区域落入一级国家公益林地,建议核实后协商处理
	宜昌市长阳土家族自治县锁凤湾煤矿限制开采区	煤矿	4	0	煤矿两年内退出
	宜昌市长阳土家族自治县桃庄煤矿限制开采区	煤矿	3	0	煤矿两年内退出
	宜昌市长阳土家族自治县陈家坪煤矿限制开采区	煤矿	3	0	煤矿两年内退出
	宜昌市长阳土家族自治县梯子湾煤炭限制开采区	煤矿	3	0	煤矿两年内退出
	宜昌市长阳土家族自治县上坪煤矿限制开采区	煤矿	4	0	煤矿两年内退出
	宜昌市长阳土家族自治县梅子坳煤矿限制开采区	煤矿	4	0	煤矿两年内退出
	宜昌市长阳土家族自治县磨市煤矿限制开采区	煤矿	6	0	煤矿两年内退出
	黄冈市浠水县七冲铁矿限制开采区	铁矿	1	1	超贫磁铁矿新建矿山需解决环境问题
	恩施土家族苗族自治州利川市石坝煤矿限制开采区	煤矿	2	0	煤矿两年内退出
	恩施土家族苗族自治州建始县长槽湾煤矿限制开采区	煤矿	6	0	煤矿两年内退出
	恩施土家族苗族自治州建始县先进煤矿限制开采区	煤矿	3	0	煤矿两年内退出
	恩施土家族苗族自治州利川市兴隆煤矿限制开采区	煤矿	2	0	煤矿两年内退出
	恩施土家族苗族自治州利川市水井湾煤矿限制开采区	煤矿	2	0	煤矿两年内退出
	恩施土家族苗族自治州建始县官店铁煤矿限制开采区	铁矿、煤矿	2	0	关闭小煤矿;高磷铁矿需采选过关后进行开采

地区	开采区名称	主要矿产	已设采矿权数量/个	拟设采矿权数量/个	限制条件
湖北省	宜昌市五峰土家族自治县犀牛洞煤矿限制开采区	煤矿	2	0	煤矿两年内退出
	荆州市松木坪煤矿限制开采区	煤矿	14	0	煤矿两年内退出
	武汉市龙源石膏矿限制开采区	石膏	2	0	公路从区内采矿权中穿过,建议核实后协商处理
	黄石市大冶市牛头山煤矿限制开采区	煤矿	2	0	煤矿两年内退出
	黄石市大冶市桐梓沟煤矿限制开采区	煤矿	3	0	煤矿两年内退出
	黄石市大冶市金山水泥用石灰岩限制开采区	水泥用石灰岩	3	0	公路和铁路从区内采矿权中穿过，建议核实后协商处理
	黄石市大冶市还地桥煤矿限制开采区	煤矿	3	0	煤矿两年内退出
	黄石市袁仓煤矿限制开采区	煤矿	3	0	煤矿两年内退出
	黄石市阳新县红家咀煤矿限制开采区	煤矿	5	0	煤矿两年内退出
	黄石市阳新县将王山煤矿限制开采区	煤矿	4	0	煤矿两年内退出
	恩施土家族苗族自治州利川市陈家湾煤矿限制开采区	煤矿	7	0	煤矿两年内退出
	恩施土家族苗族自治州宣恩县刘家湾硫铁矿限制开采区	硫铁矿	1	1	新建矿山生产规模需符合要求
	恩施土家族苗族自治州鹤峰县朝阳坪煤矿限制开采区	煤矿	3	0	煤矿两年内退出
	恩施土家族苗族自治州宣恩县观音山煤矿限制开采区	煤矿	2	0	煤矿两年内退出
	恩施土家族苗族自治州鹤峰县桃山煤矿限制开采区	煤矿	2	0	煤矿两年内退出
	恩施土家族苗族自治州鹤峰县走马磷矿限制开采区	磷矿	2	0	公路从区内采矿权中穿过,建议核实后协商处理
	咸宁市赤壁市张司边煤矿限制开采区	煤矿	3	0	煤矿两年内退出
	黄冈市武穴市畚箕山矿区石灰岩矿限制开采区	水泥用石灰岩	4	0	—
	恩施土家族苗族自治州咸丰县五丘田煤矿限制开采区	煤矿	2	0	煤矿两年内退出

地区	开采区名称	主要矿产	已设采矿权数量/个	拟设采矿权数量/个	限制条件
湖北省	恩施土家族苗族自治州咸丰县杨家寨煤矿限制开采区	煤矿	2	0	煤矿两年内退出
	恩施土家族苗族自治州咸丰县小场坡煤矿限制开采区	煤矿	4	0	煤矿两年内退出
	恩施土家族苗族自治州咸丰县甲马池煤矿限制开采区	煤矿	8	0	煤矿两年内退出
	恩施土家族苗族自治州来凤县贵帽山煤矿限制开采区	煤矿	5	0	煤矿两年内退出
	恩施土家族苗族自治州来凤县滑石板煤矿限制开采区	煤矿	3	0	煤矿两年内退出
	咸宁市通山县畈中煤矿限制开采区	煤矿	9	0	煤矿两年内退出
	咸宁市通山县天源煤矿限制开采区	煤矿	3	0	煤矿两年内退出
	黄石市阳新县洋港煤矿限制开采区	煤矿	4	0	煤矿两年内退出
贵州省	仁怀市茅坝镇煤炭限制开采区	煤矿	8	0	限制煤矿的开采
	镇远县钒矿限制开采区	钒矿	0	0	限制钒矿的开采
	纳雍县钼镍矿限制开采区	钼矿	4	4	限制钼镍矿的开采
	遵义市钼镍矿限制开采区	镍矿、钼矿	11	1	限制钼镍矿的开采
	织金县稀土（磷矿）限制开采区	煤矿、铝土矿、磷矿	12	9	限制稀土矿的开采
	大方县硫铁矿限制开采区	煤矿、硫铁矿	26	0	限制硫铁矿的开采
	毕节市林口镇硫铁矿限制开采区	硫铁矿	7	7	限制硫铁矿的开采
	镇宁布依族苗族自治县乐纪村重晶石限制开采区	重晶石	0	0	限制重晶石的开采
	天柱县大河边重晶石限制开采区	重晶石	1	0	限制重晶石的开采
	赤水河流域环境控制区	煤矿	7	4	限制所有固体矿产的开采
	赤水河流域环境治理区	煤矿	127	39	限制所有固体矿产的开采
安徽省	含山县—和县高硫煤、普通萤石限制开采区	高硫煤、普通萤石	18	1	——

地区	开采区名称	主要矿产	已设采矿权数量/个	拟设采矿权数量/个	限制条件
安徽省	马鞍山市低品位硫铁矿限制开采区	低品位硫铁矿	24	8	—
	铜陵市—繁昌区高硫煤、低品位硫铁矿限制开采区	高硫煤、低品位硫铁矿	132	12	—
	宣州区低品位硫铁矿区限制开采区	低品位硫铁矿	8	0	—
	广德市普通萤石、高硫煤限制开采区	普通萤石、高硫煤	32	1	—
	怀宁县高硫煤、低品位硫铁矿限制开采区	高硫煤、低品位硫铁矿	23	4	—
	青阳县—南陵县钨、锑限制开采区	钨矿、锑矿	41	7	—
	宣州区—宁国市高硫煤、普通萤石限制开采区	高硫煤、普通萤石	33	5	—
	青阳县—池州市—东至县锑矿、石煤、低品位硫铁矿限制开采区	锑矿、石煤、低品位硫铁矿	57	12	—
	宁国市—绩溪县钨矿、普通萤石、石煤限制开采区	钨矿、普通萤石、石煤	30	0	—
	祁门县—黟县钨矿、石煤限制开采区	钨矿、石煤	11	0	—
	歙县—休宁县普通萤石限制开采区	普通萤石	11	0	—